工程训练——金工实习

（第2版）

天津理工大学工程训练Ⅰ系列课程教学团队　编

天津大学出版社

TIANJIN UNIVERSITY PRESS

内容提要

本书是由天津理工大学工程训练Ⅰ系列课程教学团队根据《普通高等学校本科专业类教学质量国家标准》中关于工程训练教学内容的要求,参考《中国工程教育专业认证通用标准》的毕业要求项中工程基础相关内容,并兼顾中国机械工程学会颁布的《高等院校机械类专业实验实训教学基地环境建设要求》的相关规定,在总结多年实践教学经验和工程训练实践教学发展实际的基础上编写的教材。

本书介绍了工程训练Ⅰ(金工实习)课程的五大知识模块:①传统加工模块;②先进制造模块;③机电综合模块;④创新实践模块;⑤工程素质模块。

本书既可作为高等工科院校机械类和非机械类本科生的金工实习教材,也可作为高职高专、成人教育院校等同类专业学生的金工实习/实训教材(以 3 ~ 4 周为宜),同时也可用作金属工艺学等专业基础课程的教学参考用书。

图书在版编目(CIP)数据

工程训练:金工实习 / 天津理工大学工程训练Ⅰ系列课程教学团队编. --2版. --天津: 天津大学出版社,2021.8(2022.1重印)

ISBN 978-7-5618-6983-3

Ⅰ.①工… Ⅱ.①天… Ⅲ.①金属加工－实习－高等学校－教材 Ⅳ.①TG-45

中国版本图书馆CIP数据核字(2021)第131476号

出版发行		天津大学出版社
地	址	天津市卫津路92号天津大学内(邮编:300072)
电	话	发行部:022-27403647
网	址	www.tjupress.com.cn
印	刷	天津泰宇印务有限公司
经	销	全国各地新华书店
开	本	185 mm×260 mm
印	张	11.5
字	数	287千
版	次	2021年8月2版 2016年8月第1版
印	次	2022年1月第2次
定	价	32.00元

编写委员会

前　　言

　　工程教育是我国高等教育的重要组成部分。本书是教学团队根据《普通高等学校本科专业类教学质量国家标准》中关于工程训练教学内容的要求,参考《中国工程教育专业认证通用标准》的毕业要求项中工程基础相关内容,并兼顾中国机械工程学会颁布的《高等院校机械类专业实验实训教学基地环境建设要求》的相关规定,在总结多年实践教学经验的基础上编写的。本书适合作为高等院校工科专业工程训练、金工实习等实践课程的教材。

　　工程训练是面向高等学校理工类专业开设的以工程基础教育为目的的集中性实践/实训类课程,一般安排在大学低年级开设,旨在通过基本的工程知识学习和工艺技术训练,提高学生的工程意识和实践能力。工程训练一般分为面向机械加工技术训练的工程训练 I(金工实习)课程,包括机械制造过程认知实习、机械制造基础训练、先进制造技术训练、机电综合技术训练等环节;以及面向电工电子工艺实习的工程训练 II 课程。工程训练课程的意义在于让学生亲临制造业工程环境,体验工业生产实际,为今后的专业课学习打下坚实的基础;同时通过动手操作各类加工制造设备,使学生初步树立工程意识,培养学生的劳动观念,增强学生的团队意识和敬业爱岗精神,从而提高学生的综合素质。

　　本书介绍了工程训练 I(金工实习)课程的五大模块:①传统加工模块,包括铸锻焊及热处理加工、车削加工、铣刨磨加工和钳工操作等内容;②先进制造模块,包括数控车削,数控铣削、加工中心,数控线切割、3D 打印成型技术、数控激光雕刻和虚拟仿真操作系统等;③机电综合模块,包括 PLC 控制、流体传动控制、生产流程仿真;④创新实践模块,包括 TRIZ 创新理论,以各类竞赛为依托的创新设计案例;⑤工程素质模块,包括制造过程综述、质量管理体系、环境管理体系、职业健康安全管理体系、质量评价、生产管理、团队合作精神等内容。

　　本书的编写分工:李楠编写第 1、4、5 章,姜佳怡编写第 2 章,许旺蓓编写第 3、12 章及第 14.1 节,陈曦编写第 6、8 章,禹国刚编写第 7、9 章,周坤涛编写第 10 章,邢玉龙编写第 11 章,魏仁哲编写第 13.1 节,刘楠编写第 13.2 节,刘楠、周坤涛、许旺蓓编写第 14.2 节。全书由吴建华教授主审。由于编写团队水平有限,书中难免有不妥之处,恳请读者批评指正,以便再版时修正和完善。

编者

2021 年 5 月

目　　录

第1章 工程意识与工程师职业道德规范

1.1 工程意识

工程是指以人们利用和改造客观世界为目标的实践活动,具体来说就是以某组设想的目标为依据,应用有关的科学知识和技术手段,通过一群人有组织的活动将某个现有实体转化为具有预期使用价值的人造产品的过程。信息化革命以来,工程的含义不断地拓展,现代社会中的建筑、能源、机械、化工、自动化、软件等行业都与工程息息相关,也就构成了工科这一广为人知的概念。

工程师是利用已有科学理论和工程经验,设计制造产品,解决实际技术问题的职业,是工程中的核心人物。工程意识是工程师最重要、最基本的素质之一,可以认为工程意识就是工程师应具有的意识。

工程意识是工程师在工程活动中研究和解决有关调研、设计、选料、加工以及效益问题的意识,是在工程活动中直接影响工程成效和质量,决定工程活动能否有效地完成的心理特征。工程师作为企业的基本单元,其工程意识的强弱最终决定了企业的生存和发展。具体来讲,工程意识应具有以下特征。

①质量意识——质量是工业产品的核心品质之一,决定着产品和企业在市场中的竞争力。工程师应使自己具备优秀的工程实践能力,采取仿真、试验等手段制造出有先进性和可靠性的产品。

②经济意识——经济效益是企业经营的目的所在,也是一个工程立项与实施的最终目的。工程师在设计任何工程或产品时,都必须选择在性能和利润之间取得平衡的技术方案,从而赢得市场利润来维持企业的运行与发展。

③安全意识——安全保护的理念应该贯穿产品的全生命周期,在产品的设计阶段,既要考虑加工时的人身安全,还要考虑消费者使用产品时的安全,此外产品的原料能耗、生产方式、废弃物处置应确保不影响环境安全,实现可持续发展。

④法律意识——随着全球化进程不断深化,繁多的市场经济规则和频繁的国际贸易活动使得了解国内外法律法规和行业设计标准,利用法律法规辅助项目沟通,在国际标准下进行工业生产成为企业和工程师进行合理避险,以维护企业和个人的合法权益的必要能力。

⑤创新意识——科技创新是企业和国家跨越式发展的动力,工程师必须具备终身学习的能力,不断拓展自身专业知识的广度和深度,在现有技术基础上进行可行的创新设计,通过技术变革不断提升企业市场竞争力。

⑥管理意识——大工业时代离不开多工种和多企业间协作完成工程,不可避免地要涉及

团队建设和人际关系,因此工程师必须熟悉企业组织管理状况,了解现代化企业组织管理规律,具备团队意识和管理经验。

⑦时代意识——在世界各国竞争中,唯有实业可以强国,工程师树立社会主义人生观、价值观,利用工程知识致力于建设社会主义强国,为人民福祉作出自身的贡献,才是实现个人抱负的正确途径。

1.2 工程师职业道德规范

工程师职业道德规范指工程师应具有的人文社会科学素养和社会责任感,并能够在工程实践中理解并履行的职业道德和规范。工程师职业道德规范在工业化进程中不断发展,并已有相当多的内容通过法律法规和行业标准的形式固定下来,确保工程活动不会产生重大的质量、环境和安全危害,保护工程参与者和社会整体的利益。

工程师职业道德规范首先要求尊重生命,尊重各国各地多元文化特点,通过采用优秀的人体工程学设计,选择低碳排放和可降解材料,使用具备安全防护设施的加工设备,使产品具备良好的可靠性、安全性和环境友好性,以保障生产者、消费者的人身安全,实现环境可持续发展。

工程师职业道德规范还要求能够理解社会主义核心价值观,自觉维护国家和人民利益,具有强烈的民族复兴和社会进步的责任感,以满足广大人民需求为己任,通过采用新技术、新设备和新工艺提高生产率,不断提高质量和降低成本,使更多人能够享受科技进步和经济发展带来的实惠。

1.3 工程教学基地建设标准

工程意识和工程师职业道德规范作为工科生乃至工程师的基本素养,是工程训练教学的培养重点。在中国机械工程学会团体标准 T/CMES 00101—2017《高等院校机械类专业实验实训教学基地环境建设要求》中,从硬件设备和规章制度方面对工程训练教学基地的建设标准作了详细的规定:

①工程化体现。采用体现现代先进技术的数控设备、光电控制设备、高端加工中心、增材制造设备等,吸收科研的最新成果并将其转化为教学资源,通过这些成果的实验装置和产品不断更新和完善教学实践。

②安全管理。制订完善的实验实训安全操作规程并贯彻执行。在实验实训操作前,对学生进行安全操作示范和指导,并告知学生出现安全事故的正确处置方法。在实验实训过程中,对学生安全操作进行检查和监督。

③设备维护。建立和完善设备管理制度,包括设备台账、运行维护检修方法和安全事故处理措施等内容。建立和完善设备完好检查制度,在用设备完好率应保持 90% 以上,在用特种设备完好率应为 100%。

④危险化学品管理。完善危险品申购、入库验收、保存、领取、使用、回收及处置的管理要

求和全过程记录,建立危险化学品登记、使用和库存台账,各实验实训废弃的危险化学品应作好明细分类保管,由学校统一交有相关资质的机构按照规定进行处置。

⑤安全防护。按需求在现场配置消防器材、烟雾报警器、通风系统、医疗急救箱、应急喷淋、洗眼器、防护罩、危险气体报警、安全防护栏和监控系统等安全设备,并为现场人员配备护目镜、工作帽、工作服等个人安全护具。学生参加实验实训项目时,应使用及穿戴相应的安全防护用品。

⑥节能降耗。及时更新替换国家明令淘汰的高耗能设备,选用国家鼓励类新工艺、新设备、新技术,并在实训教学中开展节能、节水、节材管理。

⑦量具使用。向学生讲授量具、压力仪表等计量器具检测检验基本知识和计量法规,并开展量具、压力仪表等常用计量器具的定期检测检验。

⑧废弃物处置。实验实训不能随意排放废气、废液、废渣等,现场应配置满足法律法规要求的吸收处理和排放设备设施等,废弃物实行分类收集和存放,作好无害化处理、包装和标识,按要求送往符合规定的暂存地点,并委托有资质的专业机构进行清理、运输和处置。

⑨清扫清洁。实验实训设备、物料、工具实施定置管理,摆放整齐并加以标识,建立工作场所清洁制度,明确实验实训指导教师、学生的职责,实训结束后应将工作场所、设备、器具等清扫擦拭干净并保持无灰尘、无废弃物、无油污等。

⑩场地环境。实验实训场地内位置设置平面布置图或布局模型,注明各类实验实训项目名称、医疗救治点、安全通道、应急出口和逃生路线等,还应张贴或摆放典型实验实训项目介绍、原理图、操作规程等内容的展板,便于学生了解和学习。

⑪应急疏散。制订设备安全事故、环境污染事故和突发性事故应急预案并开展演练,对实验实训教学基地的管理及教学人员进行相关安全知识培训,提高实验实训事故处置能力。发生事故时应按照规定启动事故应急预案,积极组织急救工作,确保师生生命和财产安全,防止事态扩大和蔓延。

1.4 工程实训教学中的管理体系建设

管理体系是按照一定的管理学方法建立的企业组织制度和管理制度的总称,是现代企业管理中指导工程师践行职业道德规范的重要的、可操作的制度体系。管理体系思想认为应将企业中与生产经营相关的过程都纳入管理范围中,并对全过程进行控制,使企业运行符合法律法规要求和客户满意度。

管理体系的运行需要遵守相关的国家标准,例如在 GB/T 19001—2016《质量管理体系 要求》、GB/T 24001—2016《环境管理体系 要求及使用指南》和 GB/T 45001—2020《职业健康安全管理体系 要求及使用指南》中,对质量、环境和职业健康安全方面的要求作了原则性的规定。为了培养学生通用的工程能力,有必要将质量、环境和职业健康安全管理体系思想引入工程实训教学中,建立适应实训教学运行特点的管理体系制度,在保证教学质量的基础上提高教学安全性。

实训教学管理体系思想体现在以下方面。

①安全教育。所有参加实训教学的学生必须进行安全教育,包括集中性安全教育和各模块安全教育,使学生知晓实训教学纪律,了解常见环境因素和危险源,树立保护环境和安全防护的意识。

②讲解演示。涉及设备操作的环节,需由实训教师进行讲解和演示,讲解中应包括对设备调试、安全防护、质量检测、团队合作和环境卫生等的要求,以确保学生对实训内容充分了解。

③设备点检。实训教学中要求学生对分配的设备按点检表项目要求逐一进行检查,以确保实训设备的完好率,保证操作安全和加工质量。

④质量评价。实训教学应设置对加工产品性能的评价环节,评价指标应是准确的、量化的,以求准确、公平地评价学生的加工水平和产品质量,激发学生的质量意识。

⑤环境清洁。实训结束前学生应清理切屑等加工废弃物,并将其堆放到指定容器内,清扫设备、台面及地面,以树立学生的环境意识。

⑥安全防护。实训学生应树立基本的劳动安全意识,进入操作现场必须佩戴相应的安全防护用品,如实训服、帽子、防护眼镜、口罩和耳塞等。

第 2 章　铸造

铸造是将熔化了的液态金属浇注到具有与零件形状相适应的铸型型腔中,待其冷却凝固后获得一定形状和性能的毛坯或零件的方法。

铸造是历史悠久的金属成型方法,至今仍是毛坯生产的重要方法。铸造对于外形或内腔形状复杂零件的制造具有明显的经济性优势,且适应性较广,有较好的综合力学性能。远在欧洲产业革命之前,中国人就已经制造出很多大型铸铁件,例如位于山西永济黄河岸边重 70 多吨的铁牛铸于公元 724 年;雄踞河北沧州重 40 多吨的铁狮子,制成于公元 953 年;傲立于湖北当阳,高 17.9 米的 13 层铁塔,建造于公元 1062 年。公元 1330 年前后,元朝军队远征欧洲,为及时补充铸铁兵器,随军而行的还有很多铸造工匠以及化铁行炉和生铁锭块,将中国的铸铁生产技术传播到了欧洲。500 年后,欧洲人将掌握的铸铁生产技术用于制造蒸汽机,引发了第一次工业革命,开启了人类科学技术迅猛发展的新纪元。此外,极具代表性的铸造作品之一便是西汉透光镜,铸造透光镜时,镜身的厚薄不均导致冷却速度快慢不一,铸造应力使镜面出现与镜背花纹相同而隐隐约约的图迹,并能够在光的照射中显现,即将镜子背后图案"透射"出来,西汉透光镜也因此享誉海外。目前,铸造技术正向轻量化、数值化、环保化方向发展。

2.1　砂型铸造工艺

砂型铸造的主要工艺过程:首先根据零件的形状和尺寸,设计制造模样和芯盒;然后进行配砂和混砂;造型、造芯,型芯一般是经烘干后才在合箱时使用;最后再将熔化的金属浇注到铸型型腔中,待铸件冷却凝固后经落砂、清理、检验后得到所需的铸件。工艺流程如下:

模样→芯盒→配砂→造型→造芯→合箱→熔化→浇注→落砂→清理→检验→铸件

2.1.1　模样

模样结构必须考虑铸造工艺特点。模样和芯盒是制造砂型和型芯的模具,模样用来形成铸件外部形状,型芯用来形成铸件的内部形状,而制作模样、芯盒的依据是铸造工艺图(有时也用零件图)。此外,因工艺上的要求和实际的需要,还必须考虑以下问题。

(1)分型面的选择

分型面是指上半砂型与下半砂型的分界面或互相接触的面。选择分型面要考虑取模方便,多数情况下选取模样的最大截面为分型面,同时为能保证铸件质量,还要注意到型芯的安装和固定。

(2)拔模斜度

凡垂直于分型面的表面,为便于模样从砂型中取出,应制出 0.5°~4° 的斜度,称为拔模斜度。

（3）铸造圆角

模样两表面交角处应采用圆角过渡，以避免铸件冷却时在交角处产生粘砂、缩孔以及由于应力集中而产生裂纹等缺陷，圆角半径一般为 3~5 mm。

（4）加工余量

为保证铸件加工面的尺寸和零件精度，在制作模样和芯盒时，应在铸件需要加工的表面上留出加工余量。加工余量的大小主要取决于造型方法、铸件大小及铸造合金材料等。一般小件加工余量为 2~6 mm。

（5）收缩余量

铸件冷却时要产生收缩，因此模样尺寸要增加一个收缩余量。灰铸铁收缩余量为其尺寸的 0.8%~1%，铸钢的收缩余量为其尺寸的 1.8%~2.2%。

（6）其他

铸件上直径大于 25 mm 的孔需要用型芯铸出。对于直径小于 25 mm 的孔，在单件、小批生产时可不铸出，用钻孔方法更为经济合理。在砂型中制出安放型芯的凸起部分称为型芯头座，型芯头的端部应制出 2°~4° 的斜度。

2.1.2　型芯和型砂

型芯由芯盒制作而成，是铸型的重要组成部分，部分型芯需要芯座或芯撑固定。型芯一般用来构成铸件内腔型，也可用来形成铸件外形上妨碍起模的凸台和凹槽的部分。由于型芯大部分表面被高温金属液包围，因此型芯要比砂型具有更高的强度，更低的吸湿性和发气性，更好的透气性、退让性和溃散性。

型砂是指按一定比例配合的造型材料，经过混制符合造型要求的混合料，分为湿型砂和干型砂（含表干型砂）两类。型砂质量对铸件质量的影响很大，型砂质量不好会使铸件产生气孔、砂眼、粘砂等缺陷。

生产中一般采用比较直观快速的方法来鉴别型砂的适用性。检验方法为用手抓一把型砂并捏紧，然后松开手指，若砂团不散，砂粒不粘手，并且指纹清晰，说明型砂混制均匀，水分恰当，型砂的退让性、流动性和可塑性较好。如将砂团折断，其断面平齐，无水痕，而且断面上没有碎裂状纹路，说明型砂的强度高。

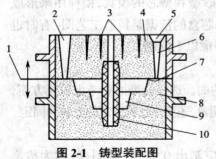

图 2-1　铸型装配图

1—分型面；2—冒口；3—气孔；4—上砂型；
5—浇口；6—直浇道；7—内浇道；8—下砂型；
9—铸型型腔；10—芯撑

2.1.3　造型和浇注系统

1. 铸型的组成

铸型是依据零件形状用造型材料制成的。铸型一般由上砂型、下砂型、型芯、铸型型腔、浇注系统（浇口、直浇道、内浇道、冒口等）和气孔等组成，如图 2-1 所示。

铸型组元及作用见表 2-1。

表 2-1　铸型组元及作用

铸型组元	作用
分型面	铸型组元间的接合面
型芯	一般用来形成铸件的内孔或局部外形
铸型型腔	由造型材料所包围形成的空腔部分,浇注后得到铸件本体
浇注系统	液态金属通过流入并充满铸型型腔的通道
冒口	主要作用是补缩,同时还有排气和集渣的作用
气孔	将铸造产生的气体排出砂型的通道

2. 浇注系统

浇注系统是引导金属液流入铸型型腔中所经过的通道。作用是:保证金属液平稳地流入型腔,避免冲坏型壁和砂芯;防止熔渣、砂粒等其他杂物进入型腔;调整铸件的凝固顺序。浇注系统通常由外浇道(或称浇口杯)、直浇道、横浇道、内浇道和冒口组成,如图 2-2 所示。

浇注系统组元及作用见表 2-2。

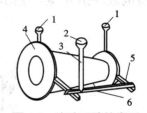

图 2-2　浇注系统的类型
1—冒口;2—浇口杯;3—直浇道;
4—铸件;5—内浇道;6—横浇道

表 2-2　浇注系统组元及作用

浇注系统组元	作用
浇口杯	接纳从浇包倒出来的金属液,减轻金属液流入的冲击力,具有一定的除渣作用
直浇道	用于连接浇口(外浇道)和横浇道,并使金属液体产生一定的压力。直浇道高度值愈大,金属液充填型腔的能力愈强,但材料浪费就愈多
横浇道	主要作用是挡渣并减缓金属液流的速度,分配金属液充入内浇道
内浇道	金属液直接流入铸型的通道,它可以控制金属液流入铸型的方向和速度,以调节铸件各部分的冷却速度
冒口	主要作用是补缩,其次还有除气、集渣,常设置在铸件最后凝固的地方

2.1.4　合箱、熔化和浇注

1. 合箱

合箱是指将上砂型和下砂型合在一起,为保证合箱准确度,在造型时往往需要在砂箱上作好标记。

2. 熔化

熔化是获得预定成分和一定温度的金属液,并尽量减少金属液中的气体和夹杂物,提高熔化率,降低燃料消耗等,以达最佳技术经济指标。

铸铁是铸造生产中最主要的合金材料。铸铁是含杂质比钢多的铁碳合金,其主要化学成分的比例为 $w(C)=2.5\%\sim4\%$, $w(Si)=0.5\%\sim2.5\%$, $w(Mn)=0.5\%\sim1.5\%$, $w(P)=0.1\%\sim1\%$, $w(S)<0.5\%$。

根据铸铁中碳的存在形式不同,铸铁可分为两大类:

①白口铸铁,其中的碳主要以化合态的渗碳体存在,白口铸铁的断口为银白色,其性能硬而脆,不适合生产机械零件,主要用作炼钢的原料;

②灰口铸铁,其中的碳主要以石墨形式存在,断口为灰色,其性能满足一般机械零件的使用要求,铸造性能好,因此应用最广泛,如车床的床身、床头箱、尾座、大小溜板等都是由灰口铸铁铸成。

此外,铸造生产中常用的铸造合金还有铸钢、铸铝、有色合金等。

熔炼金属的设备很多,图2-3所示的中频加热炉是利用交变磁场使金属工件表面产生感应电流,利用电流产生的电阻热来加热熔化原料。

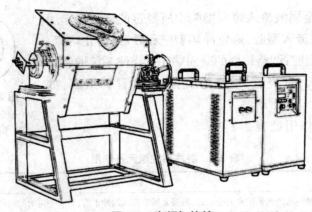

图2-3 中频加热炉

3. 浇注

将熔融金属从浇包注入铸型型腔的操作称为浇注。浇注时需严格控制浇注温度,掌握好浇注速度,准确计算好金属液质量,保证铸件质量。由于浇注操作不当,常使铸件产生气孔、浇不足、冷隔、跑火、夹渣和缩孔等质量缺陷。

2.1.5 落砂、清理和检验

1. 落砂

落砂是将铸件从砂型中取出来的工序过程。落砂一般分为手工落砂和机械落砂两种。落砂过早,温度太高,铸件表面易产生硬皮,难以切削加工,还会产生铸造应力、变形和开裂;落砂过晚,铸件固态收缩受阻,会产生铸造应力,铸件颗粒粗大,也影响生产率和砂箱的回用。通常一般铸件的落砂温度在400~500 ℃。

一般中小铸件常采用手工工具进行落砂,而大型铸件常采用震动落砂机落砂。

2. 清理

落砂后的铸件必须经过清理工序才能使其表面达到要求,清理工作主要包括切除浇注系统、清除砂芯和粘砂、修整铸件、进行热处理等。

（1）切除浇注系统

铸铁件的浇注系统一般用手锤或大锤敲掉,大型铸铁件先要在根部锯槽再用重锤敲掉。

（2）清除砂芯

单件小批生产时,可用手工清除;成批生产时,多采用机械装置,如使用震动出芯机或水力清砂装置等清除型芯和芯骨。

（3）清除粘砂

铸件表面往往黏附一层砂子,需要清除干净。

（4）修整

铸件修整一般采用各种砂轮机、手凿、风铲等工具对铸件上的飞边、毛刺和残留的痕迹进行清理。

（5）铸件热处理

某些铸件在清理后要进行热处理,主要是消除内应力和改善铸件内部金相组织结构。常用的方法有消除内应力退火和高温退火。

3. 检验

实际生产中,铸件在完成了全部工艺过程后,需进行质量检验方可投入后续加工或使用。铸件质量检验是指对铸件的各项质量特征进行观察、测量和试验,并将结果与质量要求进行对比,以检验其是否符合各项要求。

铸件的外观质量检验是在不破坏铸件的条件下,通过目测、量具等,观察并测量相应的质量参数,主要包括铸件形状、尺寸、重量、表面结构参数、浇注系统残留情况是否有明显的缺陷等。而铸件的内部质量检验,通常是在同一批次铸件中,选取一定比例的样件,进行力学性能测试、化学成分分析、金相分析等,以确定铸件的各种物理性能和化学性能。

2.2 配砂和造型

2.2.1 配砂

1. 型砂的性能

（1）湿压强度

湿型砂在抵抗外力作用下不破坏、不变形的能力称为湿压强度,简称湿强度,包括抗压、抗剪、抗拉和抗弯强度。强度过低,在造型、搬运、合箱过程中易引起塌箱,或在液态金属的冲刷下使铸型表面破坏或变形,造成铸件砂眼、冲砂、夹砂或变形等缺陷。强度过高,不仅会使铸型太硬,铸型退让性变差,妨碍铸件冷却时的收缩,导致铸件产生内应力甚至开裂,而且还会使型砂的透气性变差,形成气孔等。

（2）透气性

型砂让气体顺利逸出的能力称为透气性。当高温液态金属浇入铸型型腔内时,铸型会产生大量气体,这些气体必须通过铸型排出。透气性需用专业仪器进行测定,在标准温度和气压下,以单位时间内通过单位截面积和单位高度型砂试样的空气体积量表示。如果型砂的透气性不好,部分气体无法排出,就会留在铸件中形成气孔,甚至引起浇不足的现象。透气性过高,则型砂太疏松,容易使铸件粘砂。型砂的透气性与砂子的颗粒度、黏土与水分的含量有关。一般砂粒越粗大均匀、透气性就愈好。随着黏土的增加或型砂紧实度的增大,型砂的透气性下降。只有当型砂中黏土的水分适量时,型砂的透气性才能达到最佳值。

（3）耐火性

型砂在高温液态金属作用下不熔融、不烧结、不软化、保持原有性能的能力称为耐火性。型砂的耐火性主要取决于砂中 SiO_2 的含量。砂中 SiO_2 的含量越高,型砂的耐火性越好;型砂粒度越大,耐火性也越好。

（4）可塑性

型砂在外力下产生变形而外力去除后仍能保持其原有形状的能力称为可塑性。可塑性好,便于造型,易于起模。可塑性与型砂中黏土和水分的含量以及砂子的粒度有关。一般砂子颗粒越细,黏土量越多,水分适当时,型砂可塑性越好。

（5）退让性

铸件冷凝收缩时,型砂被压缩退让的性能称为退让性。退让性一般通过热强度试验测定型砂试样破坏时的纵向总变形量与其热强度之比。退让性差,铸件在凝固收缩时会受到阻力而产生内应力、变形和裂纹等缺陷。因此,对于一些收缩较大的合金或大型铸件应在型砂中加入一些锯末、焦炭粒等物质,以增加退让性。砂型越紧实,退让性就越差。

（6）紧实度

紧实度是指型砂紧实后的压缩程度,是评价砂型质量的重要指标之一。砂型具有较高而均匀的紧实度,可以提高砂型的强度和表面硬度,可有效减少铸件缩松的发生,提高铸件质量。但紧实度过高,也会带来很多不良影响,影响砂型的透气性,使铸件产生气孔,影响铸件收缩,造成铸件内应力过大等。紧实度可用砂型密度或砂型硬度表示。砂型密度为单位体积内所含型砂的质量,使用密度来标定紧实度,方法简单易行,但无法测定局部紧实度,且易损坏砂型。砂型硬度通常用砂型硬度计来测定,使用硬度来标定紧实度,方法简单且不破坏砂型,但无法测定内部紧实度。

（7）紧实率

紧实率是表示型砂可紧实性和检查其调匀程度的指标,用松散状态的型砂在一定压力作用下,紧实距离对紧实前高度的百分比表示。紧实率与型砂中成分配比、含水量以及过筛密度等密切相关。在很多情况下,型砂中的含水量可通过型砂紧实率的测定来确定。

除此之外,型砂的流动性、耐用性和溃散性等也十分重要。

2. 型砂的成分和配置

（1）原砂

原砂又称新砂,是型砂的主体,主要成分为 SiO_2,它耐高温。原砂颗粒度的大小、形状对型砂的性能影响很大。原砂的粒度一般为 50~140 目,目数越大,砂粒越细小。

（2）黏结剂

黏结剂的作用是使砂粒黏结成具有一定可塑性及强度的型砂。按照黏结剂的不同,型砂可分为黏土砂、水玻璃砂、树脂砂、油砂和合脂砂等。在砂型铸造中,所用黏结剂大多为黏土。黏土分普通黏土和膨润土。

（3）附加物

为改善型(芯)砂的某些性能而加入的材料称为附加物。型砂中常加入的附加物有煤粉、锯木屑等。在一些中小型铸件的湿砂型中常加入煤粉,煤粉的作用是在高温液态金属作用下燃烧形成气膜,以隔绝液态金属与铸型内腔的直接作用,防止铸件粘砂,使铸件表面光洁。加入锯木屑,可改善型砂(芯)的退让性和透气性。

（4）水

黏土砂中的水分对型砂性能和铸件质量影响极大。黏土只有被水润湿后,其黏性才能发挥作用。在原砂和黏土中加入一定量的水混制后,在砂粒表面包上一层黏土膜,经紧实后会使型砂具有一定的强度和透气性。水分过多,容易形成黏土浆,使砂型强度和透气性下降;水分太少,则砂型干而脆,可塑性下降。

（5）涂料

为提高铸件表面质量,可在砂型或型芯表面涂刷涂料。如在铸件的湿型砂型上,扑撒一层石墨粉;在干型砂型上,用石墨粉加少量黏土的水涂料涂刷在型腔表面。

2.2.2 造型

1. 造型工具

砂型铸造造型工具及其见表 2-3。

表 2-3 砂型铸造造型工具及其作用

工具图例	名称	作用
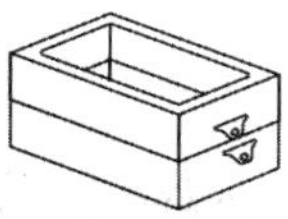	砂箱	在造型时用来容纳和支撑砂型,浇注时对砂型起固定作用
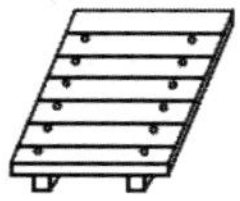	底板	用来放置模样,其大小依砂箱和模样的尺寸而定
	舂砂锤	一端形状为尖圆头,用于舂实模样周围和靠近内壁砂箱处或狭窄部分的型砂,保证砂型内部紧实;另一端为平头板,用于砂箱顶部的紧实

工具图例	名称	作用
	通气针	用于在砂型上适当位置扎通气孔,以便排出型腔中的气体
	起模针	从砂型中取出模样的工具
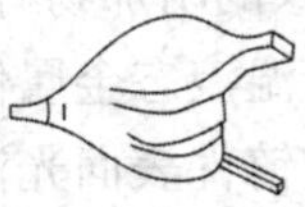	手风箱(皮老虎)	用于吹去模样和砂型表面上的砂粒和杂物
	半圆刀	用于修整型腔内壁和内圆角
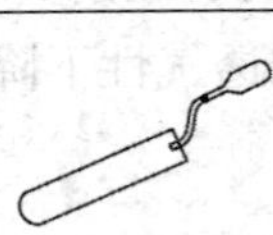	镘刀(砂刀)	用于修整砂型表面以及在砂型表面上挖沟槽
	压勺	用于修补砂型上的曲面
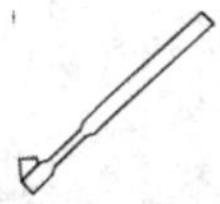	砂钩	用于修整砂型底部和侧面,或勾出砂型中的散砂、杂物等
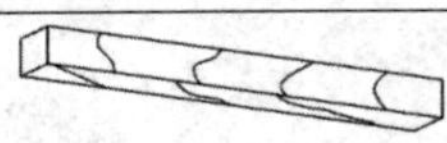	刮板	用于刮去高出砂箱上平面的型砂和修整大平面

2. 常见造型方法

（1）整模造型

如图 2-4 所示,整模造型的模样是一个整体,造型时模样全部放在一个砂箱内,分型面是平面,整模造型操作简便,所得型腔的形状和尺寸精度较好,适用于外形轮廓的顶端截面最大而且平直、形状简单的铸件,如齿轮坯、轴承等。

（2）分模造型

如图 2-5 所示,铸件的最大截面不在铸件的一端,模样沿最大截面处分为两半的分开模,造型时模样分别在上下砂型内,此分型面是平面。分模造型操作基本上与整模造型相同,其分模面（模样分开的平面）也是分型面。分模造型操作简便,应用广泛,主要用于某些没有平整表面,最大截面在模样中部的铸件,如套筒、管子、阀体类以及形状较复杂的铸件。

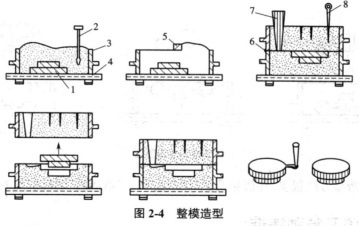

图 2-4　整模造型

1—模样；2—舂砂锤；3—砂箱；4—底板；5—刮板；6—砂型；7—浇棒；8—通气针

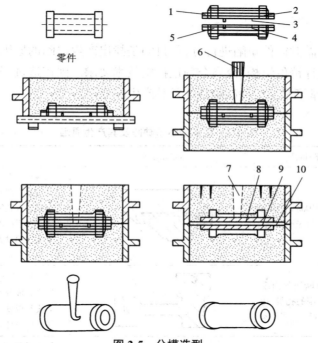

零件

图 2-5　分模造型

1—型芯头；2—上半模样；3—销钉；4—销孔；5—下半模样；6—浇棒；7—直浇道；8—型芯；9—型芯通气孔；10—排气道

（3）挖砂造型

如图 2-6 所示，如果铸件的外形轮廓为曲面、阶梯面或最大截面为曲面，而且模样又不能分开时，只能制成整体放在一个砂箱内。为把模样从砂型中取出，需在造好下砂型翻转后，挖掉妨碍起模的型砂至模样最大截面处，抹平并修光分型面。挖砂造型需每造一型挖一次砂，因此操作复杂，生产率较低，只适用于单件小批量生产。

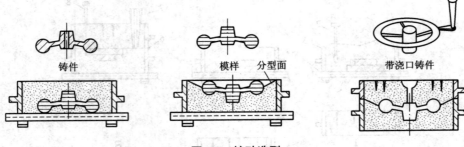

铸件   模样   分型面   带浇口铸件

图 2-6 挖砂造型

    砂型铸造的造型方法很多,如假箱造型、活块造型、三箱造型、刮板造型等造型方法。

2.3 铸造缺陷及特种铸造

2.3.1 铸造缺陷

    实际生产中,常需对铸件缺陷进行分析,目的是找出产生缺陷的原因,以便采取措施加以预防,有助于正确设计铸件结构,恰当合理地拟定技术要求。因铸造过程繁多,引起缺陷的原因复杂,表 2-4 中列举了常见铸件缺陷特征及其产生的原因。

表 2-4　常见的铸造缺陷及其产生原因

缺陷名称	缺陷特征	缺陷图例	产生原因
气孔	在铸件内部或表面有大小不等的光滑孔洞		①砂型舂得过紧或型砂透气性差。 ②型砂太湿,修型刷水过多。 ③型芯气孔被堵或型芯不干。 ④浇注系统不正确,气体排不出去。 ⑤浇注速度太快,温度过高,金属液内部有气体等
缩孔	铸件厚断面处出现形状不规则的孔眼,孔的内壁粗糙		①冒口、冷铁设置不正确。 ②合金成分不合格,收缩过大。 ③浇注温度过高。 ④铸件设计不合理,无法进行补缩
砂眼	铸件内部或表面有充满砂粒的孔眼,孔形不规则		①型砂强度不够或局部没舂紧,被金属液冲坏,掉砂。 ②型腔、浇道内有散碎砂未吹净。 ③合箱时砂型局部挤坏,掉砂。 ④浇注系统不合理,冲坏砂型(芯)
渣眼	一般在铸件上部表面,呈不光滑的孔洞,内包有炉渣		①浇注温度太低,渣子不易上浮。 ②浇注时炉渣进入型腔。 ③浇道没有很好地起到挡渣的作用。 ④浇注中途停浇或金属液体过分氧化,内部有氧化物产生

缺陷名称	缺陷特征	缺陷图例	产生原因
冷隔	铸件上有未完全融合的缝隙,接头处边缘圆滑		①浇注温度过低。 ②浇注时断流或浇注速度太慢。 ③浇道位置不当或浇道太小
粘砂	铸件表面粘着一层不易清理的砂粒,使铸件表面粗糙	粘砂	①砂型舂得太松。 ②浇注温度过高。 ③型砂耐火度不高。 ④铸型型腔表面未刷涂料或涂料太薄等
夹砂	铸件表面有一层凸起的金属片状物,表面粗糙,在金属片和铸件之间夹有一层型砂	夹砂	①型砂受热膨胀,表层鼓起或开裂。 ②型砂湿压强度较低。 ③砂型局部过紧,水分过多。 ④内浇道过于集中,使局部砂型烘烤严重。 ⑤浇注温度过高,浇注速度太快
错箱	铸件在分型面处有错型、错移		①合箱时,上下砂型未对准。 ②上下砂型未夹紧。 ③模样上下半模有错移
偏心	铸件上孔偏斜或轴心线偏移		①型芯放置偏斜或变形。 ②浇道位置不对,液态金属冲歪了型芯。 ③合箱时碰歪了型芯。 ④制模样时,型芯头偏心
浇不足	铸件未浇满,形状不完整		①浇注温度太低。 ②浇注时液态金属不够。 ③浇道太小或未开出气口
裂纹	在夹角处或厚薄交接处的表面或内层产生裂纹		①铸件厚薄不均,冷缩不一。 ②浇注温度太高。 ③型砂、芯砂退让性差。 ④合金内含硫、磷较高

　　铸件质量关系到机器(产品)的质量及生产成本,也直接关系到经济效益和社会效益。铸件结构、原材料、铸造工艺过程及管理状况等均对铸件质量产生影响。

　　具有缺陷的铸件是否能够定为废品,必须按铸件的用途和要求以及缺陷产生的部位和严重程度来决定。一般情况下,铸件有轻微缺陷且不影响产品质量和性能的,可以直接使用;铸件有中等缺陷,允许修补后达到质量和性能要求的可使用;铸件有严重缺陷,则只能报废。

2.3.2　特种铸造

　　特种铸造是指与砂型铸造有显著区别的其他铸造方法,常用的有熔模铸造、金属型铸造、压力铸造、离心铸造等。

1. 熔模铸造

（1）熔模铸造的定义

熔模铸造又称精密铸造，它是使用易熔材料（如蜡料）制成模样，然后在模样上涂覆若干层耐火材料制成型壳，待型壳硬化后加热熔去模样后，型壳再经高温焙烧，即可浇注的铸造方法。

（2）熔模铸造的特点及应用

熔模铸造的铸型无分型面，铸件尺寸精确度高，表面结构参数值低，一般铸件不需再进行机加工。铸造合金几乎不受限制，从铜合金、铝合金到各种合金钢均可铸造，尤其适用于那些超高强度合金、高熔点合金及难切削加工的合金（如耐热合金、磁钢等）的铸造，以及形状复杂、不同批次的铸件生产。但其工艺复杂，生产周期长，成本高，又受熔模、型壳强度限制，通常不宜生产大于 25 kg 的铸件。

目前熔模铸造在机械、航空、汽车、拖拉机及仪表等工业系统得到广泛应用，如在涡轮发动机、汽轮机叶片、叶轮、切削刀具及各种小型铸钢件上都有应用。

2. 金属型铸造

（1）金属型铸造的定义

金属型铸造是将液态金属浇入金属铸型内而获得铸件的方法。由于金属型可反复使用，故又称永久型铸造。金属型一般用铸铁、钢或其他金属材料制作而成。

（2）金属型铸造的特点和应用

金属型可反复多次浇注使用，实现了"一型多铸"，提高了生产率，适宜批量生产，改善了劳动条件。铸件尺寸精确、稳定，表面结构参数值低，减少了机械加工余量。铸件金相组织细密，力学性能好。该工艺操作简单，易实现机械化、自动化。但金属型制造成本高，制造周期长；不宜浇注过薄、过于复杂的铸件；冷却收缩时产生的内应力易造成铸件开裂；不宜铸造高熔点合金。

3. 压力铸造

（1）压力铸造的定义

压力铸造是将液态金属在高压作用下充型，并在压力下凝固形成铸件的铸造方法，简称压铸。常用压铸的压力为 5~70 MPa，有时可高达 200 MPa。充型速度为 5~100 m/s，充型时间很短，只需 0.1~0.2 s。使用的压铸模常采用耐热合金钢制造。

（2）压力铸造的特点和应用

压力铸造是一种高效率的精密铸造方法，铸件尺寸精度高，表面结构参数值低；铸件在高压下结晶，力学性能好，表面层细晶粒坚实，使其耐磨性、抗蚀性显著提高；充型能力强，可生产形状复杂的薄壁铸件；易实现生产半自动化和自动化，生产率高。但压铸机和压铸模投资费用高；通常压铸件尺寸较小；压铸合金的品种有限，主要用于铝合金、镁合金和锌合金等；因型腔中气体来不及排出，其内部含有气孔及氧化物夹杂，影响铸件内部质量。

16

4. 离心铸造

（1）离心铸造的定义

离心铸造是将液态金属浇入高速旋转的铸型内,在离心力作用下充型、凝固后形成铸件的铸造方法。

（2）离心铸造的特点和应用

铸件在离心力作用下组织致密,极少有缩孔、气孔、夹渣等缺陷,铸件力学性能好;通常不用设计浇口、冒口,其液态金属利用率高,成本较低;充型能力强,便于薄壁铸件的生产;可铸造双金属铸件。但铸件尺寸误差大且表面结构参数值较高,质量差;对成分易偏析的合金不宜采用;不适宜单件小批量生产。

除上面所述之外,还有实型铸造、连续铸造、磁型铸造、石墨型铸造、反压铸造、挤压铸造和悬浮铸造等现代铸造方法。

第3章 金属压力加工

利用金属在外力作用下产生的塑性变形来获得具有一定形状、尺寸和力学性能的原料、毛坯或零件的生产方法称为金属压力加工,又称金属塑性加工。常用的金属压力加工包括锻造、冲压、轧制、挤压、拉拔和旋压等工艺。

金属压力加工的特点:加工后金属组织结构致密,可以获得合理的流线分布,力学性能得到提高,可以改变零件的截面尺寸,延长使用寿命;材料利用率高,加工后可少切削、无切削加工,生产效率高。但不能成型形状相对复杂的零件,且设备庞大,价格昂贵,劳动条件差,热锻时一般工件表面质量较差。

大型模锻压力机是衡量一个国家工业实力的重要标志,在某种程度上标志着这个国家的重型机器制造业的发展水平。我国自行设计制造的 12 000 吨自由锻造水压机于 1962 年在上海建成使用,它不但标志着中国重型机器制造业步入了新的水平,而且体现了中国工人和技术人员自力更生、发奋图强的精神。经过半个多世纪的发展,2013 年我国自主开发的 8 万吨大型模锻压力机研制成功,使我国成为拥有全球最高等级模锻装备的国家,我国航空航天、动力发电、海洋工程、西气东输、深部开采等各行各业要用的性能最高的、尺寸最大的、结构最复杂的构件都能通过该锻压机完成,大大提升了我国重型机械制造水平。

3.1 锻造技术及工艺

锻造是锻料在锻压设备及工(模)具的作用下,使坯料或铸锭产生塑性变形,以获得一定几何尺寸、形状和质量的锻件的加工方法。根据金属压力加工时坯料温度的不同,分为热锻、温锻和冷锻三种。

热锻是锻料在金属再结晶温度以上进行的压力加工工艺。由于对坯料进行了加热,所以减小了金属的变形抗力,使压力加工设备吨位大大减小;在热锻过程中坯料经过再结晶,粗大的铸态组织变成细小晶粒的新组织,能减少铸态结构的缺陷,提高钢的力学性能。提高钢的塑性,这对一些低温时较脆难以锻压的高合金钢尤为重要。温锻是坯料在高于室温和低于再结晶温度范围内进行的压力加工工艺。在这个温度段中锻料因加热温度低,产生的氧化皮较少,表面脱碳现象较轻微,坯件尺寸变化较小,故可得到精度和质量都比较好的锻件。冷锻是锻料在室温情况下进行的压力加工工艺。由于没有加热,所以氧化和热变形问题均不会出现。采用该方法成型的零件强度和精度较高,表面质量较好,但金属变形抗力大,设备吨位也大。冷锻技术成型精度比温锻和热锻都要高,在精密成型领域有着其独特的优势。

锻造原材料多采用金属铸锭经热轧而成的坯料。金属铸锭中所含的夹杂物在热轧变形时,其中塑性夹杂物也随晶粒沿轧制方向伸长,脆性夹杂物则被打碎呈链状分布。通过再结晶过程,被拉长的晶粒转变成为等轴晶粒,而夹杂物依然呈条状或链状被保留下来,形成了沿金属流动方向分布排列的纤维状条纹,称为纤维组织,也称为锻造流线。锻造流线的存在使金属的力学性能出现了方向性,即锻件在沿着纤维方向(纵向)的塑性和冲击韧性大于垂直纤维方向(横向)的塑性和冲击韧性。

锻件加热的目的是提高坯料的塑性和降低其变形抗力并使其内部组织均匀,以达到用较小的锻造力来获得较大的塑性变形而坯料不被破坏。

通常金属加热温度越高,金属的强度和硬度越低,塑性也就越好。但加热温度过高,会导致锻件产生加热缺陷,甚至造成废品。因此,为了保证金属在变形时具有良好的塑性,又不产生加热缺陷,锻造必须在合理的温度范围内进行。各种金属材料锻造时允许的最高加热温度称为该材料的始锻温度。由于坯料在锻造过程中热量逐渐散失,温度会不断下降,导致塑性下降,变形抗力提高。当锻件的温度低于一定数值后,不仅锻造时费力,而且易于锻裂,此时应停止锻造,重新加热后再锻。各种金属材料终止锻造的温度称为该材料的终锻温度。

坯料的温度既可以用仪器测量,也可通过观察坯料的颜色来确定。

1. 加热设备

锻造时加热金属的装置称为加热设备。根据加热时采用的热源不同,加热设备分为火焰炉和电加热装置两类。

(1)火焰炉

火焰炉利用燃料燃烧所放出的热量加热金属。火焰炉燃料来源方便,炉子修造较容易,费用较低,加热的适应性强,应用广泛。缺点是劳动条件差,加热速度较慢,加热质量较难控制。火焰炉分为手锻炉、反射炉、油炉和煤气炉等。

手锻炉是常用的火焰加热炉,燃料为烟煤。它由炉膛、炉罩、烟囱、风门和风管等组成,如图 3-1 所示。手锻炉结构简单、容易操作,但生产率低,加热质量不高,在维修工种中应用较多。

反射炉也是以煤为燃料的火焰加热炉,结构如图 3-2 所示。燃烧室中产生的高温炉气越过火墙进入加热室(炉膛)加热坯料,废气经烟道排出,坯料从炉门装取。

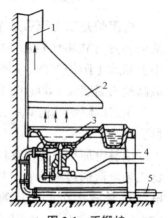

图 3-1 手锻炉
1—烟囱;2—炉罩;3—炉膛;
4—风门;5—风管

油炉和煤气炉分别以重油和煤气为燃料,其结构基本相同,仅喷嘴结构有异。油炉和煤气炉的结构形式很多,有室式炉、开隙式炉、推杆式连续炉和转底炉等。图 3-3 为室式重油加热炉示意图,由炉膛、喷嘴、炉门和烟道组成。其燃烧室和加热室合为一体,即炉膛。坯料码放在炉底板上。喷嘴布置在炉膛两侧,燃油和压缩空气分别进入喷嘴。压缩空气由喷嘴喷出时,将燃油带出并喷成雾状与空气均匀混合燃烧以加热坯料。炉温可以通过调节喷油量及压缩空气量来控制。

(2)电加热装置

电加热装置是将电能通过电阻元件或电感元件转变为热能加热金属的,主要有电阻炉、接触电加热装置和感应加热装置等。电加热具有加热速度快,加热温度控制准确,氧化脱碳少,易实现自动化,操作方便,劳动条件好,无环境污染等优点,但设备费用高,电能消耗大。

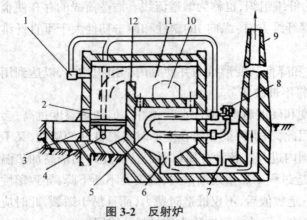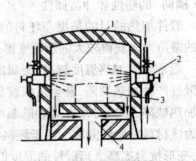

图 3-2　反射炉　　　　　　　　　　　　图 3-3　室式重油加热炉
1—二次送风管;2—燃烧室;3—水平炉算;4—一次送风管;　　　1—炉膛;2—喷嘴;3—炉门;4—烟道
5—换热器;6—烟道;7—烟闸;8—鼓风机;
9—烟囱;10—装出炉料门;11—炉膛;12—火墙

电阻炉是以电流通过布置在炉腔围壁上的电热元件产生的电阻热为热源,通过辐射和对流的传热方式将坯料加热的。炉子通常制成箱形,分为中温箱式电阻炉和高温箱式电阻炉。中温箱式电阻炉如图 3-4 所示,电热元件通常制成丝状或带状,放在炉内的砖槽中或隔板上,最高使用温度为 1 000 ℃;高温电阻炉通常以硅碳棒为电热元件,最高使用温度为 1 350 ℃。

箱式电阻炉结构简单,体积小,操作简便,炉温均匀并易于调节,广泛应用于小批量生产或科研实验。

接触电加热装置将坯料的两端由触头施以一定的力夹紧,使触头紧紧贴合在坯料表面上,将工频电流通过触头引入坯料。由于坯料本身具有电阻,产生的电阻热将其自身加热。接触电加热是直接在被加热的坯料上将电能转换成热能,因而具有设备结构简单、热效率高(75%~85%)等优点,特别适于细长棒料加热和棒料局部加热。但它要求被加热的坯料表面光洁,下料规则,端面平整。

感应加热装置结构如图 3-5 所示,当感应线圈中通入交变电流时,则在线圈周围空间建立交变磁场,处于此交变磁场中的坯料内部将产生感应电动势,使金属内部产生涡流,利用涡流转化的热量即可将坯料加热。该装置加热速度快,加热温度和对工件的加热部位稳定,具有良好的重复性,适于大批量生产,但感应加热装置复杂。

2. 加热缺陷及防治

金属在加热过程中可能产生的缺陷主要有氧化、脱碳、过热、过烧和裂纹等。

高温下坯料表层金属与炉气中的氧化性气体(氧、一氧化碳及二氧化硫等)发生化学反应生成氧化皮,造成金属的烧损,这种现象称为氧化。严重的氧化会造成锻件表面质量下降,还可能造成锻模磨损加剧。减少氧化的措施主要是在保证加热质量的前提下采用高温装炉的快速加热法,缩短坯料在高温下停留的时间,控制进入炉内的氧化气体量,或者采用中性或还原性气体加热等措施。

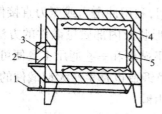

图 3-4　中温箱式电阻炉
1—踏杆；2—炉门；3—炉口；
4—电热元件；5—加热室

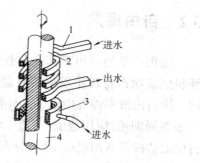

进水

出水

进水

图 3-5　感应加热装置原理
1—加热感应线圈；2—加热淬火层；
3—淬火喷水套；4—工件

金属在高温下与炉气接触发生化学反应,造成坯料表层碳元素烧损而使含碳量降低的现象称为脱碳。脱碳后金属表层的硬度和强度会降低,从而影响锻件的使用性能。对于火焰炉,由于生成氧化皮和造成脱碳的外在因素大体相同,因而防止氧化和脱碳的措施也基本相同。

金属的加热温度过高或在始锻温度下保温时间过长,会使晶粒过分长大变粗,这种现象称为过热。过热使金属在锻造时塑性降低,更重要的是锻造后锻件的晶粒粗大,会使强度降低,塑性和韧性变差。避免的方法是:锻前发现过热,可用重新加热后锻造的方法挽救;锻后发现组织粗大,对于有些型号的钢可通过热处理的方法使晶粒细化。

金属加热温度超过始锻温度过多或加热到接近熔点时,使晶粒边界物质氧化甚至局部熔化的现象称为过烧。避免发生过烧的措施是严格控制加热温度和加热时间。

3. 锻件的冷却

锻件冷却是保证锻件质量的重要环节。通常,锻件中的碳及合金元素含量越多,锻件体积越大,形状越复杂,冷却速度越要缓慢,否则会造成表面过硬、变形甚至开裂等缺陷。常用的冷却方法有三种。

①空冷是将锻后锻件放在无风的空气中且在干燥的地面上自然冷却,常用于低中碳钢和合金结构钢的小型锻件。

②坑冷是将锻后锻件埋在充填有石灰、沙子或炉灰的坑中缓慢冷却,常用于合金工具钢锻件,而碳素工具钢锻件应先空冷至 600~700 ℃,然后再坑冷。

③炉冷是将锻后锻件放入 500~700 ℃ 的加热炉中随炉缓慢冷却,常用于高合金钢及大型锻件。

4. 锻件的热处理

在机械加工前,锻件要进行热处理,目的是使锻件组织进一步细化和均匀化,减小锻造残余应力,降低硬度,改善力学性能。常用的热处理方法有正火、退火、球化退火等。热处理方法要根据锻件材料的种类和化学成分来选择。

3.2 自由锻造

使用简单的通用工具或在锻压设备的上下砧铁之间,利用冲击力或压力直接使加热好的坯料经多次锻打逐步发生塑性变形,以获得所需尺寸、形状及内部质量锻件的方法称为自由锻。因自由锻不需专用模具,仅用普通锻压设备上的上下砧块和一些通用工具便可完成,故生产准备周期短,应用范围广,适于单件小批量生产。自由锻造也是生产大型锻件的唯一方法。自由锻造按其所用设备不同,分为手工自由锻和机器自由锻。

3.2.1 自由锻造的设备及工具

1. 手工自由锻造的工具

手工自由锻造的工具包括:支持工具(如铁砧(图 3-6)等),锻打工具(如大锤、手锤等(图 3-7))、衬垫工具、成型工具(如錾子、剁刀、漏盘、冲子和各种型锤等(图 3-8))、夹持工具(如各种钳口的手钳等(图 3-9))和测量工具(如钢板尺、卡钳、样板等(图 3-10))。

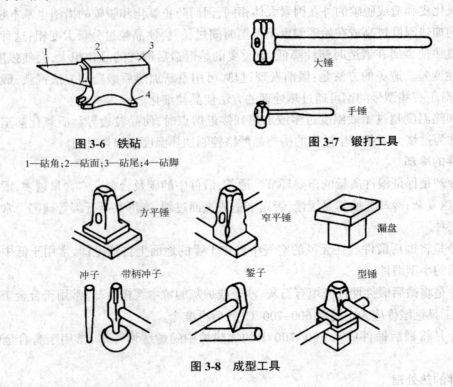

图 3-6 铁砧   图 3-7 锻打工具

1—砧角;2—砧面;3—砧尾;4—砧脚

图 3-8 成型工具

2. 机器自由锻造所用设备

机器自由锻造所用的设备有空气锤、蒸汽-空气锤和水压机等,其中以空气锤应用最为广泛。

(1)空气锤

空气锤是一种利用电力工作的锻造设备,可用于锻造中小型锻件。空气锤的规格以落下部分的质量表示,如 65 kg 的空气锤,是指其落下部分的质量为 65 kg,通常其产生的冲击力是落下部分质量的 1 000 倍。它既可进行自由锻造，又可进行胎模锻造。

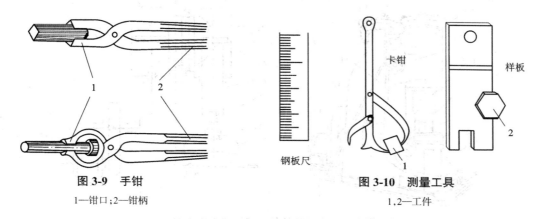

图 3-9　手钳
1—钳口；2—钳柄

图 3-10　测量工具
1,2—工件

空气锤由锤身、压缩缸、工作缸、传动机构、操作机构、落下部分及砧座等组成。锤身用来安装和固定锤的其他部分，工作缸和压缩缸与锤身铸为一体。传动机构由带传动、齿轮减速装置及曲柄连杆机构等组成。操纵机构包括踏杆（或手柄）连接杠杆、上旋阀和下旋阀。下旋阀中装有一个只准空气作单向流动的逆止阀。落下部分由工作活塞、锤杆、锤头和上砧块组成。砧座部分包括下砧铁、砧垫和砧座，用以支持工件及工具并承受锤击。

电动机通过传动机构带动压缩机内的压缩活塞往复运动，使活塞的上部或下部产生压缩空气。压缩空气进入工作缸的上腔或下腔，工作活塞便在空气压力的作用下往复运动，并带动锤头进行锻打。空气锤的外形结构和工作原理如图 3-11 所示。

（2）蒸汽-空气锤

蒸汽-空气锤是用 0.6~0.8 MPa 的压力蒸汽或压缩空气作为动力源进行工作的。蒸汽-空气锤的规格用落下部分的质量表示，落下部分的质量一般为 1~5 t，适用于中型锻件的生产。

蒸汽-空气锤由机架（锤身）、汽缸、落下部分、配气操纵机构及砧座等部分组成。机架包括左右两个立柱，通过螺栓固定在底座上。汽缸和配气机构的阀室铸成一体，用螺栓与锤身的上端面相连接。落下部分是锻锤的执行机构，由连接活塞的锤杆、锤头和上砧铁组成。配气操纵机构由滑阀、节气阀、进气管、操纵杠杆等组成。砧座由下砧铁、砧垫、砧座等组成。为了提高打击效果，砧座质量为落下部分的 15 倍，以保证锤击时锻锤的稳固。常用的是双柱拱式蒸汽-空气锤，其外形结构如图 3-12 所示。

蒸汽-空气锤利用操纵杆操作气阀来控制蒸汽（或压缩空气）进入工作缸的方向和进气量，以实现悬锤、压紧、单击或不同能量的连打等动作。如图 3-12 所示，蒸汽（或压缩空气）从进气管进入，经过节气阀、滑阀中间细颈部分与阀套壁所形成的气道，由上气道进入汽缸的上部作用在活塞的顶面上，使落下部分向下运动，完成打击动作。此时，汽缸下部的蒸汽（或压缩空气）由下气道从排气管排出。反之，滑阀下行，蒸汽（或压缩空气）便通过滑阀中间的细颈部分与阀套壁所形成的气道由下气道进入汽缸的下部，作用在活塞的环形底面，使落下部分向上运动，完成提锤动作。此时，汽缸上部的蒸汽（或压缩空气）从上气道经滑阀的内腔由排气管排出。

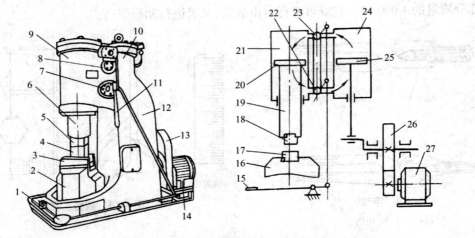

图 3-11　空气锤的外形结构和工作原理

1、15—脚踏板；2、16—砧座；3—砧垫；4、17—下砧铁；5、18—上砧铁；6、19—锤杆；
7、22—下旋阀；8、23—上旋阀；9、21—工作缸；10、24—压缩缸；11—手柄；12—床身；13—减速机构；
14、27—电动机；20—工作活塞；25—压缩活塞；26—大齿轮

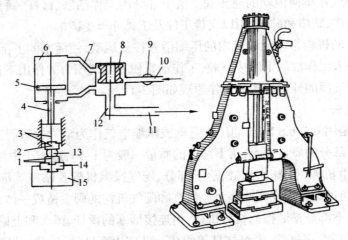

图 3-12　双柱拱式蒸汽-空气锤

1—下砧铁；2—上砧铁；3—锤头；4—锤杆；5—工作活塞；6—工作缸；7—上气道；8—滑阀；
9—节气阀；10—进气管；11—排气管；12—下气道；13—坯料；14—砧垫；15—砧座

　　通过调节节气阀的开口面积控制进入汽缸的蒸汽（或压缩空气）压力，由人工操纵手柄，使滑阀处于不同位置或上下运动，使锻锤完成上悬、下压、单次打击、连续打击等动作，要求蒸汽-空气锤具有操作方便、锤击速度快、打击力具有冲击性等特点。锤头两旁有导轨，保证了锤头运动准确，打击平稳，但蒸汽-空气锤需要配备蒸汽锅炉或空气压缩机及管道系统，较空气锤复杂。

　　（3）水压机

　　水压机是以高压水泵所产生的高压水（15～40 MPa）为动力进行工作的。水压机是生产大型锻件特别是可锻性较差的合金钢锻件的主要锻造设备。水压机的规格以水压机产生的静压

力的数值来表示。

水压机主要由固定系统和活动系统两部分组成。水压机广泛采用三梁四柱式传动结构,并带有活动工作台。固定系统由上梁、下梁、工作缸、回程缸和四根立柱组成。工作缸和回程缸固定在上横梁上,下横梁上面装有下砧。上下横梁和四根立柱组成一个封闭的刚性机架,工作时,机架承受全部工作载荷。活动系统由工作活塞、活动横梁、回程柱塞和拉杆组成。活动横梁的下面装有上砧。其典型结构如图3-13所示。

当高压水沿管道进入工作缸时,工作柱塞带动活动横梁沿立柱下行,对坯料进行锻压。当高压水沿管道进入回程缸下部时,则推动回程柱塞上行,通过回程小横梁和拉杆将活动横梁提升离开坯料,从而完成锻压与回程的一个工作循环。水压机的特点是工作时以无冲击的静压力作用在坯料上,因此工作时震动小,不需笨重的砧座;锻件变形速度低,变形均匀,易将锻件

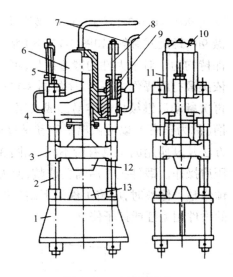

图 3-13　水压机结构
1—下横梁;2—立柱;3—活动横梁;4—上横梁;
5—工作柱塞;6—工作缸;7—管道;8—回程柱塞;
9—回程缸;10—回程横梁;11—拉杆;
12—上砧;13—下砧

锻透,使整个截面呈细晶粒组织,从而改善和提高锻件的力学性能;容易获得大的工作行程,并能在行程的任何位置进行锻压,劳动条件较好。但由于水压机主体庞大,并需配备供水和操纵系统,故造价较高。

3.2.2　基本工序

自由锻造的基本工序有镦粗、拔长、冲孔、弯曲、扭转、错移、切割、锻接等。其中前三种工序应用最多。

1. 镦粗

镦粗是用以减小坯料长度,增加横截面面积的锻造工序。它分为完全镦粗、局部镦粗和垫环镦粗,如图3-14所示。镦粗常用来锻造齿轮坯、凸轮、圆盘形锻件;在锻造环、套筒等空心锻件时,则可作为冲孔前的预备工序,也可作为提高锻件力学性能的预备工序。

镦粗操作时应注意:坯料不能太长,镦粗部分的原长度 H 与原直径 D 之比值应小于3,否则容易镦弯;镦粗前应使坯料的端面平整并与轴线垂直,否则会镦歪。镦粗力要足够,否则会产生细腰形,若不及时纠正,继续镦粗就会产生夹层。

2. 拔长

拔长是使坯料横截面面积减小而长度增大的锻造工序。拔长多用于锻造轴类、杆类和长筒形零件。拔长操作时应注意:锻打时,工件应沿砧铁的宽度方向送进,每次的送进量 L 应为砧铁宽度 B 的 3/10~7/10(图3-15);圆截面坯料拔长成直径较小的圆截面锻件时,必须先将坯料打成方形截面,再进行拔长,直到接近锻件的直径时,再锻成八角形,最后滚打成圆形,如图3-16所示。拔长过程中要不断翻转坯料,塑性较高的材料拔长可在沿轴向送进的同时将毛坯

反转90°,如图3-17(a)所示。塑性较低的材料拔长可在沿轴向送进的同时将毛坯沿一个方向做90°螺旋式翻转,如图3-17(b)所示。由于毛坯各面都接触下砧面,因而可使其各部分温度保持均匀。对于大件的锻造拔长,可将毛坯沿整个长度方向锻打一遍后再翻转90°,采取同样依次锻打的操作方法,顺序如图3-17(b)所示,但工件的宽度与厚度之比值不应超过2.5,否则再次翻动后继续拔长容易形成夹层。局部拔长锻造台阶轴时,拔长前应先在截面分界处压出槽(称为压肩),以便做出平整和垂直拔长的过渡部分。方形截面锻件与圆形截面锻件的压肩方法及其所用的工具有所不同,如图3-18所示。圆形截面的锻件可用窄平锤或压肩摔子进行压肩操作。锻件拔长后需要修整,使表面工整光滑,尺寸准确。方形或矩形截面的锻件先用平锤修整。修整时,应将工件沿下砧长度方向送进,以增加锻件与砧铁间的接触长度。圆形截面的锻件用型锤或摔子修整。

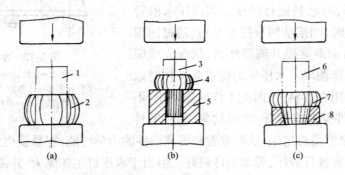

图 3-14　镦粗类型

(a)完全镦粗;(b)局部镦粗;(c)垫环镦粗

1,3,6—坯料;2,4,7—工件;5—漏盘;8—垫环

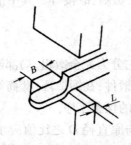

图 3-15　拔长时的坯料进给量

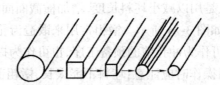

图 3-16　圆形截面坯料拔长的工艺过程

3. 冲孔

冲孔是使用冲子在锻件上冲出通孔或不通孔的锻造工序。冲孔常用于锻造齿轮、套筒、圆环等空心零件。直径小于25 mm的孔一般不冲,由切削加工时钻出。冲孔操作时应注意:冲孔前坯料应先镦粗,以尽量减小冲孔深度和使端面平整,并避免冲孔时工件胀裂;冲孔的坯料应加热到允许的最高温度,且需均匀热透。由于冲孔时锻件的局部变形量很大,要求坯料具有良好的塑性,以防工件冲裂和损坏冲子,冲完后冲子也容易拔出。冲孔分为单面冲孔和双面冲孔两种方式。单面冲孔用于较薄工件的冲孔(图3-19),冲孔时应将冲子大头朝下,

漏盘孔径不宜过大,且需仔细对正。双面冲孔用于较厚坯料的冲孔加工(图3-20)。为保证孔位正确,先进行试冲,用冲子轻轻冲出孔位的凹痕并检查工位是否正确,如有偏差及时纠正。为便于拔出冲子,可向凹痕内撒少许煤粉,将冲子冲深至坯料厚度的2/3~3/4时,取出冲子,翻转工件,然后从反面将工件冲透。在冲制深孔过程中,冲子须经常蘸水冷却,防止受热变软。

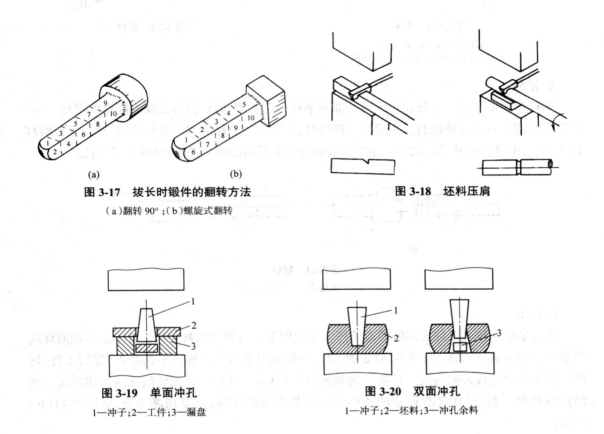

图 3-17 拔长时锻件的翻转方法
(a)翻转90°;(b)螺旋式翻转

图 3-18 坯料压肩

图 3-19 单面冲孔
1—冲子;2—工件;3—漏盘

图 3-20 双面冲孔
1—冲子;2—坯料;3—冲孔余料

4. 弯曲

弯曲是使坯料弯成一定角度或形状的锻造工序。弯曲用于锻造吊钩、链环、弯板等,锻件弯曲时最好只限于加热被弯曲那段的坯料,加热必须均匀。在空气锤上进行弯曲时,将坯料夹在上下砧铁间,使欲弯曲的部分露出,用手锤或大锤将坯料打弯(图3-21(a)),也可借助于成型垫铁、成型压铁等辅助工具,使其产生成型弯曲(图3-21(b))。

5. 扭转

扭转是将坯料的一部分相对另一部分绕其轴线旋转一定角度的锻造工序,如图3-22所示。锻造多拐曲轴、连杆、麻花钻等锻件和校直锻件时常采用这种工序。扭转前应将整个坯料先在一个平面内锻造成型,并使受扭曲部分表面光滑。扭转时金属变形剧烈,要求受扭部分加热到始锻温度,且均匀热透。扭转后要注意缓慢冷却,以防出现扭裂。

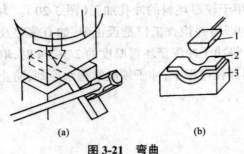
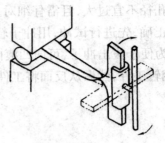

图 3-21　弯曲

（a）击打弯曲；（b）成型弯曲

1—成型压铁；2—坯料；3—成型垫铁

图 3-22　扭转

6. 错移

错移是将毛坯的一部分相对于另一部分平移一定距离，但仍保持金属连续性的锻造工序。错移主要用于锻造曲轴的曲柄类锻件。错移时，毛坯先在错移的部位进行压肩，然后进行锻打错开，最后再进行修整，图 3-23（a）和（b）分别为一个平面和两个平面错移的工艺过程。

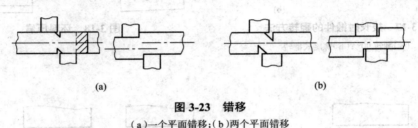

（a）　　　　　　　　　　　　　　　（b）

图 3-23　错移

（a）—一个平面错移；（b）—两个平面错移

7. 切割

切割是将坯料或工件切断的锻造工序。切割用于下料和切除料头等。较小矩形截面坯料的切割常用单面切割法，如图 3-24（a）所示。先将剁刀垂直切入坯料至快断处，翻转工件，再用锤击剁刀或克棍冲断连皮。切割较大截面的矩形坯料，可使用双面切割或四面切割法。切割圆形截面坯料，可在带有四槽的剁垫中边切割边旋转坯料，直至切断为止，如图 3-24（b）所示。

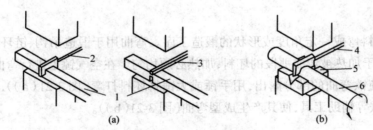

（a）　　　　　　　　　　　　　　　（b）

图 3-24　切割

（a）单面切割；（b）多面切割

1,5—工件；2,4—剁刀；3—克棍；5—剁垫

8. 锻接

锻接是使分离的毛坯在高温状态下经过锻压变形而使其连接成一体的锻造工序。锻接只

适用于含碳量较低的结构钢。锻接时要注意控制好温度并除净锻接处的氧化皮。

3.3 模型锻造

把加热的坯料放在固定于模锻设备上的锻模内并施加冲击力或压力,使坯料在锻模模腔所限制的空间内产生塑性变形,从而获得与模腔形状相同的锻件的锻造方法称为模型锻造,简称模锻。模锻与自由锻造相比,前者生产率要高几倍甚至几十倍,可锻造形状复杂的锻件,且加工余量小,尺寸精确,锻件纤维分布合理,强度较高,表面质量好;但所用锻模是用贵重的模具钢经复杂加工制成的,成本高,因而只适用于大批量生产,且受设备能力的限制,一般仅用于锻造 150 kg 以下的中小型锻件。模锻按所用设备的不同,分为锤上模锻、压力机上模锻和胎模锻等。

3.3.1 主要设备

常用的模锻设备有蒸汽-空气模锻锤、摩擦压力机、曲柄压力机和平锻机等。蒸汽-空气模锻锤的结构如图 3-25 所示,是目前使用广泛的一种模锻设备。它和蒸汽-空气自由锻锤的结构基本相似,但砧座质量比自由锻锤大得多,而且砧座与锤身连成一个封闭的整体,锤头与导轨之间的配合也比自由锻精密,因而锤头运动精确,锤击中能保证上下模对准。蒸汽-空气模锻锤的规格以落下部分的质量来表示,常用的为1~10 t。

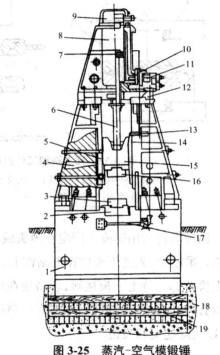

图 3-25 蒸汽-空气模锻锤

1—砧座;2—横座;3—下锻模;4—床身;
5—导轨;6—锤杆;7—活塞;8—汽缸;
9—保险汽缸;10—配气阀;11—节气阀;12—汽缸底板;
13—杠杆;14—马刀形杠杆;15—锤头;16—上锻模;
17—脚踏板;18—基础;19—防震垫木

3.3.2 锤上模锻工作过程

锤上模锻是在蒸汽-空气模锻锤上进行的模锻,是模锻生产中最常见、应用最广泛的一种方法。锤上模锻工作过程如图 3-26 所示。上模和下模分别用楔铁紧固在锤头和砧座的燕尾槽内。上下模之间的分界面称为分模面。上下模闭合时形成的内腔即为模腔。工作时,上模与锤头一起上下往复运动,以锤击模腔中已加热好的坯料,使其产生塑性变形,用来填充模腔而得到所要求的锻件,取出锻件,修掉飞边、连皮和毛刺,清理并检验后即完成一个模锻工艺。锻模由专用的模具钢加工而成,具有较高的热硬性、耐磨性和耐冲击性能。为便于将成形后的锻件从模腔中取出,应确定合理的分模面和5°~10° 的模锻斜度。为保证金属充满模腔,下料时除考虑模锻件烧损量和冲孔损失外,还应使坯料的体积稍大于锻件体积。为减轻上模对下模的打击,防止因应力集中使模膛开裂的情况发生,模膛内所有面与面之间的交角均为圆角。

3.3.3 胎模锻

　　胎模锻是在自由锻设备上使用简单模具(模胎)的锻造方法。胎模锻的模具制造简便,工艺灵活,不需模锻锤。成批生产时,与自由锻相比,胎模锻锻件质量好,生产率高,能锻造形状复杂的锻件,在中小批量生产中应用广泛。但胎模锻劳动强度大,只适用于小型锻件。胎模一般由上下模块组成,模块上的空腔称为模膛,模块上的导销和销孔可使上下模膛对准,手柄供搬动模块使用,如图3-27所示。

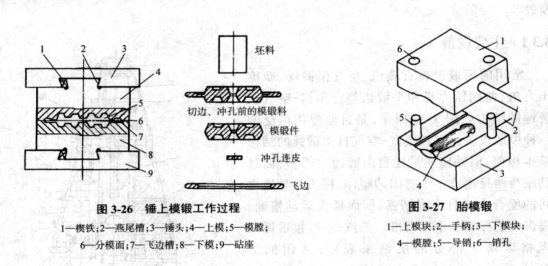

图 3-26　锤上模锻工作过程　　　　　　　　　图 3-27　胎模锻
1—楔铁;2—燕尾槽;3—锤头;4—上模;5—模膛;　　　　1—上模块;2—手柄;3—下模块;
6—分模面;7—飞边槽;8—下模;9—砧座　　　　　　　4—模膛;5—导销;6—销孔

　　胎模锻造所用胎模不固定在锤头或砧座上,按加工过程需要,可随时放在上下砧铁上进行锻造。锻造时,先把下模放在下砧铁上,再把加热的坯料放在模膛内,然后合上上模,用锻锤锻打上模背部。待上下模接触,坯料便在模膛内锻成锻件。胎模锻时,锻件上的孔也不能冲通,应留有冲孔连皮;锻件的周围亦有一薄层金属,称为飞边。因此,胎模锻后也要进行冲孔和切边,以去除连皮和飞边。

3.4　缺陷分析

　　锻件的缺陷大致分为:由原材料缺陷造成的缺陷,由加热不当引起的缺陷,锻造中以及冷却和热处理不当引起的缺陷。常见的锻件缺陷特征及产生的原因列于表3-1中。

表 3-1 常见的锻件缺陷特征及产生的原因

缺陷名称	主要特征	产生原因
表面龟裂	镦粗时发生在金属表面	金属过烧
鼓肚表面纵裂	自由锻镦粗时,在毛坯的鼓肚表面产生不规则的纵向裂纹	一次镦粗量过大
冲孔裂纹	孔内壁边缘沿径向出现裂纹	金属塑性低,冲孔冲子没有预热或预热不足,一次冲孔变形量太大
纵向裂纹	十字裂纹沿锻件横断面或对角线分布,在拔长工序中产生	坯料未热透,在反复90°回转拔长时送进量过大
表面十字裂纹	拔长时产生于金属表面	金属塑性低,压下量太大
端面十字裂纹	拔长时产生于金属坯料的端面	送进量和压下量过大,锻造温度过低,在端部锤击多次,坯料中心有疏松
折叠	折纹与金属流线方向一致,附近有严重的氧化、脱碳现象	自由锻操作不当,拔长时压下量过大,送进量过小;锤锻时,制坯、预锻、终锻模膛设计不合理
弯曲和变形	锻件的轴线与平面的几何位置有误差	自由锻镦粗时,坯料的长度和直径比大于2.5~3;坯料端面不平,与中心轴线不垂直;坯料加热不均匀,锻后修整、校直不够,冷却、热处理不当
弯曲开裂	弯曲部分外侧出现的表面开裂,一般出现在平行于材料的横截面	加热温度太低,一次弯曲度过大
错模	模锻件上半部分相对于下半部分沿分模面产生错位	锤头与导轨间隙过大,锻模设计不合理,安装调试不当
局部填充不足	主要发生在模锻件的肋条、凸肩、转角等处,锻件上凸起部分的顶端或棱角充填不足或锻件轮廓不清晰	坯料加热度不够,塑性差;毛坯体积与截面大小选择不合理,坯料质量不合格;模锻锤吨位不够
模锻不足	模锻件在分离面垂直方向上的所有尺寸普遍偏大,超过图纸上标注的尺寸	毛坯加热温度太低,终锻模膛内锤击次数少,毛坯体积或截面尺寸太大
锻件流线分布不当	锻件上出现流线断开、回流、涡流、对流等流线紊乱现象	模具设计不当,坯料尺寸、形状设计不合理,锻造方法选择不好
凹穴(凹陷)	模锻件表面形成麻点或凹穴	模腔中或坯料表面的氧化皮未除净,模锻时压入锻件表面,经酸洗、喷砂清理后,氧化皮脱落而形成
冷硬现象	锻造后锻件内部保留冷变形组织	变形温度偏低,变形速度过快,锻后冷却速度过快

3.5 冲压技术及工艺

板料冲压是利用装在压力机上的模具使板料分离或变形,以获得毛坯或零件的加工方法。它主要用于在常温下对板料进行加工,所以也称为冷冲压。冷冲压的生产效率高,冲压件的刚度好,结构轻,精度高,一般不再进行切削加工即可装配使用,广泛用于汽车、航空、电器、仪表、电子器件、电工器材及日用品等工业部门的批量生产。板料、模具和冲压设备是冲压生产的三要素。

3.5.1 冲压设备

板料冲压设备主要有剪床(剪板机)和冲床。

1. 剪床

剪床的用途是将板料切成一定宽度的条料,以供冲压使用。剪床的主要技术参数是剪板的厚度和长度。剪切长度大的板料用斜刀剪床,剪切窄而厚的板料应选用平刀剪床。常用剪床的外形结构和传动原理如图 3-28 所示。

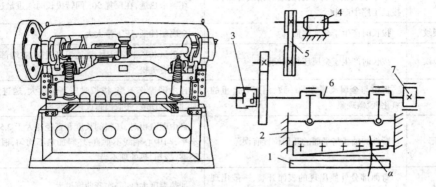

图 3-28 剪床的外形结构和传动原理

1—工作台;2—滑块;3—牙嵌式离合器;4—电动机;5—皮带传动;6—曲轴;7—制动器

2. 冲床

冲床是进行冲压加工的基本设备。除剪切外,板料冲压的基本工序都是在冲床上进行的。冲床按其结构可分为单柱式和双柱式两种。冲床主要由曲柄、连杆和滑块组成。图 3-29 为开式双柱式冲床的外形和传动原理图。电动机经三角带减速系统使大带轮转动,当踩下脚踏板后,离合器闭合并带动曲轴旋转,再通过连杆带动滑块沿导轨上下往复运动,完成冲压加工。冲模的上模装在滑块上,随滑块上下运动,上下模闭合一次即完成一次冲压过程。踏板踩下后立即抬起,滑块冲压一次后便在制动器作用下停止在最高位置上,以备进行下次冲压。若踏板不抬起,滑块则进行连续冲压。

冲床的主要技术参数如下。

①公称压力(吨位)。它以滑块运行至最低位置时所能产生的最大压力表示,单位为 kN。选用冲床时,应使冲压工艺所需的冲剪力或变形力小于或等于冲床的公称压力。

②滑块行程。曲轴旋转时,滑块从最高位置到最低位置所走过的距离称为滑块行程。滑块行程等于曲柄半径的两倍,单位为 mm。

③闭合高度。滑块在行程达到最低位置时,其下表面到工作台面的距离为闭合高度,单位为 mm。冲床的闭合高度应与冲模的高度相适应。调整冲床连杆的长度,就可对冲床的闭合高度进行调整。

3. 冲模

冲模是板料冲压的主要工具,其典型结构如图 3-30 所示。

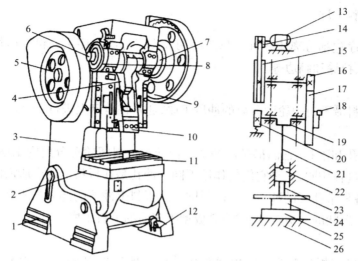

图 3-29　开式双柱式冲床的外形和传动原理

1—底座；2—工作台；3—床身；4—连杆；5—大带轮；6—曲轴；7—离合器；8—制动器；
9—大齿轮；10—滑块；11—垫板；12—脚踏板；13—电动机；14—小带轮；15—大带轮；16—小齿轮；
17—大齿轮；18—离合器；19—曲轴；20—制动器；21—连杆；22—滑块；23—上模；24—下模；25—垫板；26—工作台

一副冲模由工作零件、定位零件、卸料零件、模板零件、导向零件及固定板零件组成。

①工作零件为冲模的工作部分，主要是凸模和凹模，它们分别通过压板固定在上下模板上，其作用是使板料变形或分离，从而得到所需要的零件，这是模具关键性的零件。

②定位零件用以保证板料在冲模中具有准确的位置，如导料板、定位销等。导料板控制进给方向，定位销控制坯料进给量。

③卸料零件是指冲头回程时使凸模从工件或坯料中脱出的零件，如卸料板。亦可采用弹性卸料，即用弹簧、橡皮等弹性元件通过卸料板推下板料。

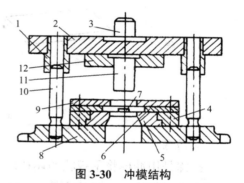

图 3-30　冲模结构

1—导套；2—上模板；3—模柄；4—压板；
5—凹模；6—导料板；7—定位销；8—下模板；
9—卸料板；10—导柱；11—凸模；12—压板

④模板零件上模借助上模板 2 通过模柄 3 固定在冲床滑块上，并可随滑块上下运动；下模借助下模板 8 用压板螺栓固定在工作台上。

⑤导向零件是保证模具运动精度的重要部件，如导套、导柱等。它们分别固定在上下模板上，其作用是保证凸模向下运动时能对准凹模孔，并保证间隙均匀。

⑥固定板零件使凸模、凹模分别用凸模压板、凹模压板固定在上下模板上。

此外，还有螺钉、螺栓等连接件。

以上所有模具零件并非每副模具都具备，但工作零件、模板零件、固定板零件等则是每副模具都具备的。

3.5.2　冲压基本工序

冲压基本工序包括分离工序和变形工序两大类。分离工序主要包括剪切和冲裁,变形工序主要包括弯曲、拉深和翻边等。

1. 剪切

剪切是使板料沿不封闭轮廓分离的冲压工序,通常在剪床上进行。

2. 冲裁

冲裁包括冲孔和落料,它们都是用冲裁模使板料沿封闭轮廓分离的工序。冲孔和落料的操作方法和分离过程相同,只是它们的作用不同。冲孔是在板料上冲出所需的孔,冲下部分为废料,用于制造各种带孔形的冲压件。落料则是从板料上冲下的部分为成品,余下的部分为废料,用于制造各种形状的平板零件,或作为成型工序前的下料工序。

3. 弯曲

弯曲是用冲模将板料弯成一定角度或圆弧的成型工序,如图 3-31 所示,它常用于制造各种弯曲形状的冲压件。与冲裁模不同,弯曲模冲头的端部与凹模的边缘被制成具有一定半径的圆角,以防止工件弯曲时被弯裂。

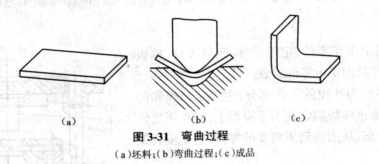

（a）　　　　　　　　　　（b）　　　　　　　　　　（c）

图 3-31　弯曲过程

（a）坯料；（b）弯曲过程；（c）成品

4. 拉深

拉深是用冲模将平板状的坯料加工成中空形状零件的成型工序。为避免零件拉裂,冲头和凹模的工作部分应加工成圆角。为减小摩擦阻力,冲头和凹模要留有相当于板厚 1.1~1.2 倍的间隙,以使拉深时板料能从中通过。拉深时要在板料上或模具上涂润滑剂。为防止板料起皱,常用压板圈将板料压紧。每次拉深,板料的变形程度都有一定限制。拉深变形量较大时,可采用多次拉深,如图 3-32 所示。

5. 翻边

翻边分内孔翻边和外缘翻边。内孔翻边是用冲模在带孔的平板坯料上用扩孔的方法获得凸缘的成型工序,如图 3-33（a）所示;外缘翻边是把平板料的边缘按曲线或圆弧弯成边缘的成型工序,如图 3-33（b）所示。

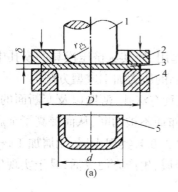
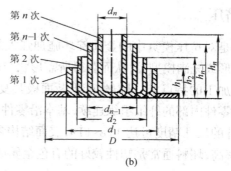

图 3-32　拉深
（a）拉深模具及零件；（b）多次拉深零件成型过程图
1—冲头；2—压板；3—坯料；4—凹模；5—工件

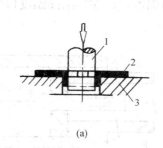
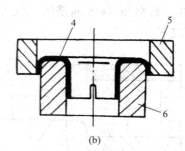

图 3-33　翻边
（a）内孔翻边；（b）外缘翻边
1—冲头；2、4—工件；3—凹模；5—上模；6—下模

3.6　其他压力加工

3.6.1　轧制

　　轧制是金属（或非金属）材料在旋转轧辊的压力作用下,产生连续塑性变形,获得要求的截面形状并改变其性能的压力加工方法。

　　在轧制过程中金属坯料通过一对旋转成型轧辊的间隙,因受轧辊的压缩,使材料截面减小而长度增加的压力加工方法称为轧制,如图 3-34 所示。这是生产钢材最常用的生产方式,主要用来生产型材、板材、管材等。轧制时按坯料加工温度分热轧和冷轧两种方式。

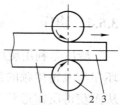

图 3-34　双辊轧制
1—坯料；2—轧辊；3—成品

　　轧制的特点是可以破坏钢锭的铸造组织,细化钢材的晶粒,并消除显微组织的缺陷,从而使钢材组织密实,力学性能得到改善。但经过热轧之后,钢锭内部的非金属夹杂物被压成薄片,出现分层（夹层）现象;不均匀的冷却会在成品中产生残余应力;热轧的钢材产品因热胀冷缩对成品厚度和边宽不易控制。而冷轧时虽能提高成品尺寸精度和改善表面结构要求,但需要的变形力较大。

35

3.6.2 挤压

挤压是对挤压模具中的金属锭坯施加强大的压力作用,使其从挤压模具的模孔中流出产生塑性变形或充满模型腔,从而获得所需形状与尺寸制品的压力加工成型方法。

挤压加工的特点是:可以生产出断面极其复杂的或具有深孔、薄壁以及变断面的零件;挤压变形后零件内部的纤维组织连续,基本沿零件外形分布而不被切断,从而提高了金属的力学性能;零件的尺寸精度可达 1T8~1T9,表面结构参数 $Ra3.2~0.4$,实现少屑、无屑加工,材料利用率、生产率高,坯料通常是塑性较好的有色金属或黑色金属,生产方便灵活,易于实现生产过程的自动化。

根据金属流动方向和挤压运动方向的不同,挤压可分为四种方式:①正挤压,即金属流动方向与挤压力方向相同,如图 3-35 所示;②反挤压,即金属流动方向与挤压力方向相反,如图 3-36 所示;③复合挤压;④径向挤压。放入挤压套的坯料温度可以在再结晶温度以上,也可在再结晶温度以下。

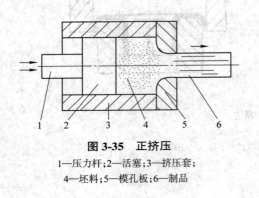

图 3-35 正挤压
1—压力杆;2—活塞;3—挤压套;
4—坯料;5—模孔板;6—制品

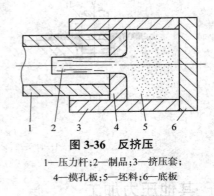

图 3-36 反挤压
1—压力杆;2—制品;3—挤压套;
4—模孔板;5—坯料;6—底板

3.6.3 拉拔

拉拔是在拉力作用下,迫使金属坯料通过拉拔模孔,以获得相应形状与尺寸制品的压力加工方法,如图 3-37 所示。拉拔方法按制品截面形状既可以是实心材拉拔,如棒材、异型材及线材的拉拔,也可是空心材拉拔,如管材及空心异型材的拉拔。

3.6.4 旋压

旋压是利用旋压机使坯料和模具以一定的速度共同旋转,在滚轮的进给运动作用下,使毛坯在与滚轮接触的部位产生局部塑性变形,并使局部的塑性变形逐步扩展到毛坯的全部表面从而获得所需形状与尺寸的金属空心回转体零件的加工方法。图 3-38 为旋压空心零件过程的示意图。

旋压的工艺特点:旋压件尺寸精度高,表面结构参数值较小;经旋压成型的制品力学性能提高;旋压加工工具简单,费用低,设备调整、控制简便灵活,具有很大的柔性,非常适用于多品种小批量生产。但旋压只适用于轴对称的回转体零件,生产率不高,不能像冲压那样有明显的拉深作用,故壁厚的减薄量小。

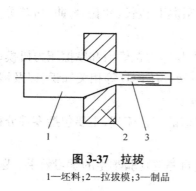

图 3-37 拉拔
1—坯料；2—拉拔模；3—制品

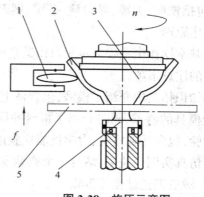

图 3-38 旋压示意图
1—滚轮；2—制品；3—模具；4—顶板；5—坯料

3.7 虚拟仿真软件

压力加工作为机械制造领域内的基础工艺环节，也是学生工程训练的基本项目。但是锻造和冲压设备对于场地有一定要求，而且锻造的工艺操作有较高的危险性，在很多高校内锻造实训无法有效开展。

随着近几年计算机技术和虚拟仿真技术的发展，依托数字化制造与流程工业国家级虚拟仿真实验教学中心的软硬件资源，采用虚拟仿真技术，建立三维空间环境以及主要设施设备的三维模型，包括实训设备、工具、物料及其他配套设备、设施等，搭建起了锻造虚拟仿真实训教学资源及平台系统。

3.7.1 软件环境

该锻造技术虚拟仿真平台主要包括：基本知识、基本操作、知识拓展、仿真实训和实训自测题五个模块，如图 3-39 所示。

图 3-39 锻造实训教学系统界面

①基本知识中介绍工程实训中锻造的定义和概念、锻造技术训练目的和安全技术要求、注意事项或工作原理、锻件冷却方法（包含空冷、炉冷以及坑冷三部分）及过程，详细介绍了锻造

工具,包括铁砧、大锤、导向锤、夹钳、剁刀、摔子、漏盘等,以及锻造常用设备、空气锤的组成结构及工作原理。

②基本操作中主要演示了自由锻造的常用工序,包括镦粗、拔长、冲孔、弯曲、扭转等,以及操作中的注意事项。

③知识拓展中介绍了模锻,包含锤上模锻、胎模锻、曲柄压力机模锻和摩擦压力机模锻,以及锻造模具的特点;同时介绍了板料冲压,包含冲压设备及冲压模具等相关知识,以及锻造件质量检验,包含外观检验、力学性能检验以及内部质量检验。

④仿真实训模块中,结合一个典型零件,演示了其锻造的工艺流程,主要包括零件分析、坯料选择、锻造工艺过程等步骤。

⑤实训自测题,主要是在学生完成实训任务后,通过自测题检验学生的学习效果。题目主要包括填空、单项选择、判断等。

3.7.2 软件的主要操作

开始专业知识学习前,首先需要了解锻造技术实训目的和安全技术要求,明确工程实训中锻造的安全注意事项和安全操作规程。然后,可按照教学要求,在系统的引导下逐步学习实训内容。通过鼠标、键盘操作,可以在虚拟实训环境中自由行走观察,认识设备设施及环境布置等。走到设备前,单击设备可图文展示其知识要点(介绍、使用方式、注意事项等)。通过沉浸式的教学方式,感受虚拟的实训过程,图3-40为软件运行界面。

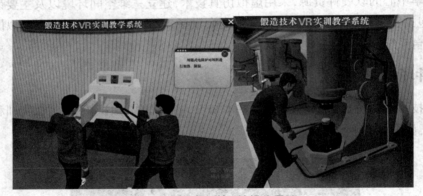

图 3-40 锻造实训系统操作界面

第 4 章　焊接

焊接是通过加热或加压或两者并用,使被焊工件熔接起来的热加工工艺。我国焊接的历史最早可以追溯到商周时期,当时的许多青铜礼器、兵器都采用了类似锻焊、铸焊的工艺,以实现复杂空间结构的连接。常见的焊接方法有手工电弧焊、氩弧焊、二氧化碳气体保护焊、摩擦焊、电阻焊、激光焊接、超声波焊接、钎焊等。

焊接工艺可以实现"以简拼繁"和"以小拼大"的制造方式,还可以进行异种金属材料的熔接,能保证焊接位置较高的强度和密封性能。正因如此,随着设计技术的进步和市场需求的发展,工业生产对制造水平的要求越来越高,焊接以其独特的优势在压力容器、流体管道、建筑结构、远洋船舶等领域获得了愈加广泛的应用。

4.1　手工电弧焊

手工电弧焊是手工操纵焊条,利用电源产生的电弧作为热源,熔化焊接位置材料实现熔接的焊接方法。因为入手容易、操作灵活、设备简单,在工装制作、设备维修中有着广泛的应用,常作为焊接工艺的入门训练内容。

4.1.1　焊接原理

手工电弧焊设备及工具通常由弧焊机、焊钳、电焊条、导线及防护装具组成。

逆变式直流弧焊机是手工电弧焊中用于提供电能的焊接电源设备,它是将 220 V 或 380 V 交流电先整流为直流电,经过逆变器将直流电转变为中频直流电,再经变压器将其降至适于焊接的低压,最后再次整流滤波输出稳定的直流电流。逆变器的使用提高了电流和电压的控制精度,降低了变压过程中的电能损耗并减小了变压器的铁芯体积,因此具有体积小、重量轻、精度高、能耗低、质量高和成本低等优点。

如图 4-1 所示,手工电弧焊中焊条与工件作为电源的两极,焊接时首先使焊条与工件发生短暂接触,大电流下的短路会使接触位置产生高温,使接触位置附近的空气因高温逸出大量自由电子,并在电压作用下被击穿形成放电电弧。电弧的燃烧需要弧焊机提供持续稳定的电压和电流,同时还需要操作者控制电弧长度维持在合适的范围内。

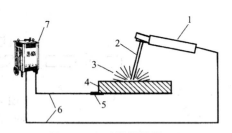

图 4-1　电弧焊焊接原理图

1—焊钳;2—焊条;3—电弧;4—工件;5—地线夹头;6—电缆;7—弧焊机

电弧表面温度在 3 000 ℃以上,可以将附近的焊条和工件熔化形成熔池,在电弧力、重力、气流吹力的共同作用下,熔化的金属相互熔合,当电弧不断前移时,后方熔池不断冷却凝固最终形成连续的焊缝。

手工电弧焊的焊条表面包覆有一层药皮,在电弧高温作用下药皮燃烧并与周围空气和金属熔液进行反应,以实现稳定电弧、去除杂质和防止金属氧化的作用,药皮燃烧后会在焊缝表面残留一层渣壳,还可起到降低焊缝冷却速度,达到焊后热处理的效果。

4.1.2 焊接工艺

1. 电极接法

逆变直流焊机的输出端有正极与负极,正极处的温度和热量比负极处的高,因此根据工艺需求,可以使用正接法和反接法。正接法是将工件接到焊机正极,焊条接焊机负极。反接法是工件接焊机负极,焊条接焊机正极,如图 4-2 所示。正接时电弧中的大部分热量集中在工件上,可加速工件的熔化,获得较大的熔化深度,因而多用于焊接较厚的工件,而反接法多用于薄板及非铁合金、不锈钢、铸铁等材料的焊接。

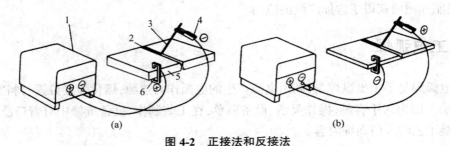

图 4-2　正接法和反接法

(a)正接;(b)反接

1—焊接电源;2—焊缝;3—焊条;4—焊钳;5—焊件;6—地线夹头

2. 焊接接头

焊接中工件的连接处称为焊接接头。常见的焊接接头形式有:对接接头、搭接接头、角接接头和丁字接头,如图 4-3 所示。对接接头受力均匀,应力集中较小,强度较高,易保证焊接质量。

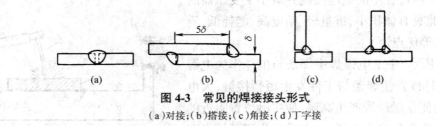

图 4-3　常见的焊接接头形式

(a)对接;(b)搭接;(c)角接;(d)丁字接

3. 焊接坡口

为保证工件焊缝深度方向上能够被电弧熔透,常在焊缝截面上加工出不同形状的沟槽,称为坡口。根据 GB/T 985.1—2008《气焊、焊条电弧焊、气体保护焊和高能束焊的推荐坡口》的规定,低于 4 mm 厚的工件常使用 I 形坡口,大于 3 mm 的工件,可根据工艺需求选择 V 形、U 形、双 Y 形、双 U 形等几何形状的坡口,如图 4-4 所示。

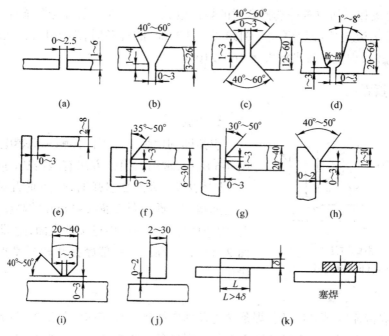

图 4-4 对接接头常见的坡口形式

（a）I 形坡口；（b）Y 形坡口；（c）双 Y 形坡口；（d）带钝边 U 形坡口；（e）Γ 形坡口；（f）带钝边单边 V 形坡口；
（g）带钝边双单边 V 形坡口；（h）Y 形坡口；（i）T 形带钝边双单边 V 形坡口；（j）T 形坡口；（k）搭接头

4. 焊接位置

焊接的空间位置主要有平焊、横焊、立焊和仰焊四种，如图 4-5 所示。由于电弧力、重力和气流吹力的方向因位置不同而发生变化，不同焊接位置施焊的难易程度也不同，对焊接质量和生产率也有一定影响。平焊时焊接液滴不会外流，飞溅较少，操作方便，质量易保证。立焊和横焊时液滴有下流倾向，不易操作，而仰焊位置液滴容易下滴，操作难度大，不易保证质量，所以生产中应尽可能将焊件安排在平焊位置施焊。

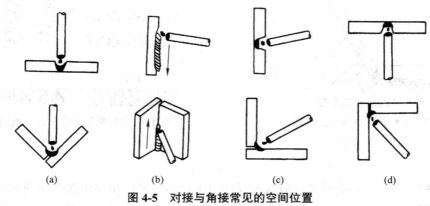

图 4-5 对接与角接常见的空间位置

（a）平焊；（b）立焊；（c）横焊；（d）仰焊

5. 焊接电流

焊接时电弧通过的电流称为焊接电流，单位为 A（安培）。焊接时需要考虑焊条直径、工件厚度、接头形式和空间位置等选择合适的焊接电流。一般焊接电流与焊条直径、工件厚度成正比,平焊时的电流要比仰焊更大。例如使用 3.2 mm 的焊条时,焊接电流一般为 90~120 A,使用 4 mm 焊条时,焊接电流则增大为 160~210 A。

4.1.3 焊接过程

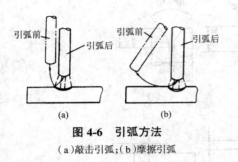

图 4-6　引弧方法
(a)敲击引弧;(b)摩擦引弧

1. 引弧

引弧即利用焊条与工件接触来引燃电弧的方法。如图 4-6 所示,常用的引弧方法有敲击法(垂直法)和摩擦法(划擦法)。敲击法引弧时,焊条垂直对工件碰击,然后迅速提起至距工件表面 2~4 mm 的高度。摩擦法引弧时,焊条像擦火柴一样擦过工件表面,随即提起距工件表面 2~4 mm 的高度。一般摩擦法较易掌握,适宜初学者操作。

2. 运条

运条包括焊接速度、焊接角度、焊条送进及横向摆动。焊接速度是指焊条沿焊缝焊接方向的移动速度。焊接角度包括引导角和工作角。引导角是指焊条在纵向平面内与正在进行焊接的一点上垂直于焊缝轴线的垂线向前所成的夹角,一般在 70°~80°。工作角是指焊条在横向平面内与进行焊接的一点上垂直于焊缝轴线的垂线所形成的角度,如图 4-7 所示。

焊条送进是沿焊条轴向方向向工件移动,目的在于避免因焊条熔化造成电弧长度增大致使电弧熄灭的情况。横向摆动是焊条末端在焊接速度垂直方向上做规律性的摆动,横向摆动相当于降低了焊接速度,目的是为了在工件较厚、坡口较宽时用于增加热量输入,获得较大的熔化深度,保证焊缝的填充效果和连接强度,常见的横向摆动如图 4-8 所示。

图 4-7　平焊的引导角和工作角
1—焊条;2—工件

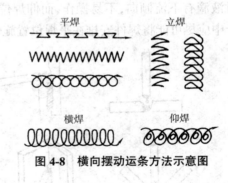

图 4-8　横向摆动运条方法示意图

3. 收尾

收尾是指一条焊缝焊完后如何收弧的操作。常用的收尾操作方法有多种,如图 4-9 所示,一是画圈收尾法,它是利用手腕做圆周运动,直到弧坑填满后再拉断电弧;二是反复断弧收尾法,在弧坑处反复地熄弧和引弧,直到填满弧坑为止;三是回焊收尾法,到达收尾处后停止焊条移动,但不熄弧,待填好弧坑后拉起来灭弧。

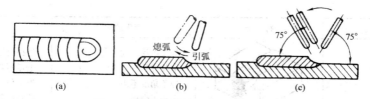

图 4-9　焊缝的收尾运条方法示意图

（a）画圈收尾法；（b）反复断弧收尾法；（c）回焊收尾法

4.2　手工电弧焊的质量与安全

4.2.1　焊接缺陷

焊接工艺虽然能实现高强度的连接,但是对工艺设计和操作控制的要求较高。手工电弧焊的焊接电流、焊接角度、焊接速度和横向摆动等操作不符合要求时,就会产生各种焊接缺陷。焊接中常见的缺陷有咬边、弧坑、烧穿、裂纹和夹渣等,如表 4-1 所示。

表 4-1　常见的焊接缺陷

缺陷种类	特　征	产生原因	预防措施
夹渣		前道焊缝除渣不干净 焊条摆动幅度过大 焊条前进速度不均匀 焊条倾角过大	应彻底除锈、除渣 限制焊条摆动的宽度 采用均匀一致的合理焊速 减小焊条倾角
气孔		焊件表面受到污染 焊条药皮中水分过多 电弧拉得过长 焊接电流太大 焊接速度过快	清除焊件表面污物 焊接前烘干焊条 采用短电弧 调整适当的焊接电流 采用合理的焊速
裂纹		熔池中含有较多的有害元素 焊件刚性大 接头冷却速度太快	焊接前进行预热 限制焊材中的有害元素 采用合理的焊接顺序和方向
未焊透		焊接速度太快 坡口钝边过厚 装配间隙过小 焊接电流过小	选择正确的电流和焊接速度 选择正确的坡口尺寸
烧穿		焊接电流过大 焊接速度过慢 操作不当	选择合理的焊接工艺参数 选择正确合理的操作方法

缺陷种类	特　征	产生原因	预防措施
咬边		焊接电流过大 电弧过长 焊条角度不当 运条不合理	选择合理的电流 电弧不要拉得过长 焊条角度适当 控制运条速度
未熔合		焊接电流过小 焊接速度过快 热量不够 焊缝处有锈蚀	选择合理的电流和焊速 运条速度合理 焊缝清理干净
焊瘤		焊接过程中,熔化金属流淌到焊缝之外未熔化的母材上所形成的金属瘤	注意焊接操作方法
塌陷		单面熔化焊时,由于焊接工艺不当,造成焊缝金属过量透过背面,而使焊缝正面塌陷背面凸起的现象	调整焊接工艺和焊接操作方法

4.2.2　质量检测

焊接的质量检测主要包括外观检测、无损检测和强度检测等。外观检测是焊接最基本的质量检测手段,主要使用放大镜和焊缝尺等进行表面观察和测量。如工艺图纸未注明需无损检测和强度检测要求,一般工件的焊缝只需进行外观检测保证尺寸和外表质量满足要求即可。

压力容器、流体管道、船体外壳和建筑钢结构件等的焊缝会承受较大的外力,焊接缺陷会造成严重损失,且焊缝内部缺陷无法通过目视进行检验,因此这些工件的焊缝除进行外观检测外,还必须进行无损检测及强度检测。

无损检测是利用磁场、射线、声波等会在缺陷位置处产生异常表现的特性,对焊缝进行非破坏性检测的方法,常用的方法有磁粉检测、超声波探伤和射线探伤等。

磁粉检测是将磁粉布撒在焊缝表面,再对焊件施加磁场,缺陷位置处产生的磁场异常会使磁粉集中分布在缺陷处从而达到检测目的,主要用于对焊缝表面或浅层的缺陷检测。在 GB/T 26951—2011《焊缝无损检测 磁粉检测》中对相关技术要求进行了规定。

超声波探伤是利用超声波在缺陷位置处产生异常回波的特性,通过判断回波波形、数量等来确定缺陷的种类和特性。在 GB/T 11345—2013《焊缝无损检测 超声检测 技术、检测等级和评定》中规定了部分应用情形下的手工超声检测技术要求。

射线探伤是使用 X 射线或 γ 射线等对焊缝进行透视照射,焊接缺陷会在显影照片上呈现白色影像,通过对照片进行分析,可以判断焊接缺陷的情况。

强度检测是通过对焊缝进行拉伸、弯曲等变形来测试焊缝的强度。由于是破坏性检测,因此可以按同等工艺制作检测试样或抽样检测,可以检测试样中的最大强度等数据,以综合判断焊缝的质量。

4.2.3 环境与健康安全

现代工业生产应始终将环境安全和健康安全放在与质量保证同等的地位。所谓环境安全是指产品全寿命周期内(设计、制造、运输、使用、回收等)不存在使用有害材料、过度消耗资源、产生过量废弃物、排放有害物质等行为,是可持续发展理念的具体体现。健康安全是指产品全寿命周期内不会对人(生产者、使用者等)产生危及健康甚至生命的安全风险,是安全生产、劳动保护观念的进一步发展。环境安全和健康安全应该在设计阶段而不是制造阶段就予以考虑。

手工电弧焊过程中的环境危害主要有焊接过程中的大量电能消耗、焊接烟尘导致的空气污染、电弧产生的光污染、焊渣废焊件形成的废弃物等。主要解决措施包括:采用更先进的焊接电源设备来降低待机耗电功率;使用除尘系统过滤掉烟尘和有害气体等,在 GB/T 16297—1996《大气污染物综合排放标准》中对于焊接烟尘颗粒物在无组织排放情况下的限值为小于 1 mg/m³;在焊接现场布置遮弧板防止弧光外溢;加强对操作者的劳动保护,手工电弧焊过程中的健康危害主要有弧光紫外线对皮肤黏膜损伤、焊接烟尘对呼吸系统和神经系统损伤、弧光对眼角膜损伤和焊接飞溅火花对皮肤烫伤等,可以采取穿着工作服减少皮肤暴露、佩戴焊接面罩和使用除尘系统或防尘口罩等措施。焊接烟尘中危害较大的颗粒物、锰化合物、一氧化氮和臭氧等的职业接触限值在相应国家标准中均有规定,GBZ2.2—2007《工业场所有害因素职业接触限值 第2部分:物理因素》中规定焊接烟尘的职业接触限值为 4 mg/m³,GBZ/T 160.13—2004《工业场所空气有毒物质测定 锰及其无机化合物》中规定锰及其无机化合物的职业接触限值为 0.15 mg/m³;焊渣和废焊件等固体废弃物应堆放于指定容器内,并由具备回收资质的组织集中回收。

4.3 气焊和气割

4.3.1 工艺原理

气焊和气割分别是使用可燃气体和助燃气体燃烧产生的火焰作为热源进行焊接和切割的工艺,常用的可燃气体和助燃气体分别为乙炔和氧气。气焊时,火焰高温使工件和焊丝在焊接位置熔化,冷却凝固后实现工件间的焊接。气割时,火焰高温主要起预热工件作用,当工件金属材料的温度高于其在纯氧中的燃点时,将高压氧射流集中喷射至待切割位置,金属便会在纯氧中剧烈燃烧,燃烧后的残渣被气流吹散留下切口,而金属燃烧及气体火焰的高温会继续使周围金属达到燃点,这时移动火焰和气流便可实现连续切割。

改变乙炔和氧气的体积比,可获得不同火焰类型,按氧气含量由低到高分为碳化焰、还原焰、中性焰和氧化焰。氧气含量升高时,则火焰的温度升高,内焰的颜色会由黄变白,长度逐渐变短,外焰的颜色会由黄变为淡蓝色,达到氧化焰时内焰完全消失,只留有淡蓝色的外焰。一般气焊时根据工件材料的燃点选择火焰类型,而气割时使用的多为中性焰。

气焊和气割的工具比较简单,操作方便,但因火焰加热面积较大,使得工件的热影响区较大,容易产生焊接缺陷和变形,因此气焊目前应用较少,而气割因连续切割时效率较高,在原料切割方面应用较多。

4.3.2 设备工具

气焊和气割使用的工具分别为焊炬和割炬。焊炬的焊嘴为单管结构,而割炬的割嘴为同心圆式双管结构,外管用于火焰加热,内管用于喷射纯氧,因此割炬较焊炬的结构复杂。气焊和气割的设备区别仅限于使用焊炬还是割炬,图4-10为焊炬结构,图4-11为割炬结构。

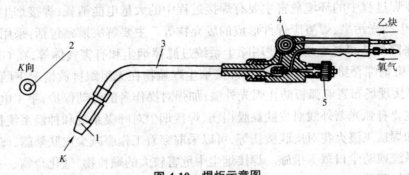

图 4-10　焊炬示意图
1—焊嘴;2—氧气和乙炔混合气体喷口;3—混合管;4—乙炔阀门;5—氧气阀门

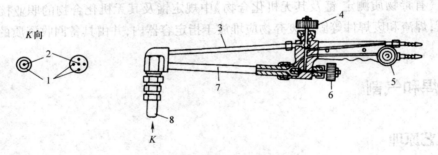

图 4-11　割炬示意图
1—氧气与乙炔混合气体喷口;2—氧气喷口;3—切割氧气气道;4—切割阀门;
5—乙炔阀门;6—预热氧气阀门;7—混合气道;8—切割嘴

乙炔和氧气储存在高压气瓶内,根据GB/T 7144—2016《气瓶颜色标志》的规定,乙炔气瓶的颜色为白色,喷有红色"乙炔"字样,氧气瓶的颜色为淡蓝色,喷有黑色"氧气"字样。根据GB 11638—2011《溶解乙炔气瓶》的规定,乙炔气瓶容积为 40 L 时,直径 250 mm,内有多孔填料和工业丙酮,用以溶解乙炔气,在 15 ℃时瓶内平衡压力小于 1.56 MPa。根据 GB 14194—2006《永久气体气瓶充装规定》的要求,氧气瓶公称工作压力 15 MPa,在 15 ℃时充装压力不得超过 14.7 MPa。气瓶使用时需要安装符合 GB/T 7899—2006《焊接、切割及类似工艺用气瓶减压器》要求的减压器以降低输出气体的压力,减压后的气体经过气管再进入焊炬或割炬。根据 GB/T 2550—2016《气体焊接设备 焊接、切割和类似作业用橡胶软管》的规定,乙炔气管为红色,最大工作压力为 0.3 MPa,最小爆破压力为 0.9 MPa,氧气管为蓝色,最大工作压力为 2 MPa,最小爆破压力为6 MPa,图 4-12 为气焊设备系统的示意图。

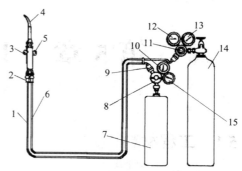

图 4-12　气焊设备系统示意图

1—乙炔软管;2—回火调节器;3—乙炔调节阀;
4—气焊喷嘴;5—氧气调节阀;6—氧气软管;
7—乙炔瓶;8—乙炔调节器;9—回火防止器;
10—乙炔工作压力表;11—氧气调节阀;
12—氧气工作压力表;13—氧气压力表;
14—氧气瓶;15—乙炔压力表

4.3.3　操作安全

气割和气焊时需要使用易燃易爆气体和高压容器,操作温度高,并产生大量金属熔滴飞溅,因此具有一定的危险性,应格外注意操作安全。

气瓶应由具备生产、储存和运输资质的供应商提供,气瓶颜色及气体字样应清晰,表面带有钢印。气瓶应使用固定装置竖直存放,推荐使用防爆柜储存,当气体泄漏时,防爆柜可以立即发出警报并启动风机排出易爆气体。气瓶使用时应竖直放置在专用推车或支架内,以防止倾倒砸坏阀门引起爆炸。不得使用有油污的扳手启闭气瓶阀门,乙炔气瓶和氧气瓶间距应大于 5 m,与操作现场距离应大于 10 m。

操作现场应尽量选择在开阔的室外,操作前应准备好灭火器,清除周围易燃物品和杂物,减压器输出端应安装专用的乙炔回火防止器和氧气回火防止器,以防止操作不当引发火焰回烧至气瓶导致爆炸。操作人员应佩戴防护眼镜,以防止火焰强光对眼睛的损伤,还应佩戴手套、脚盖、安全帽,以防止金属飞溅、高温对暴露皮肤的伤害,必要时可佩戴防尘面罩。

第5章 工程材料及热处理

5.1 工程材料

工程材料是机械的物质基础。一般都将工程材料按化学成分分为金属材料、无机非金属材料、有机高分子材料和复合材料四大类。

5.1.1 金属材料

金属材料是指金属元素或以金属元素为主构成的具有金属特性的一类材料的统称,通常具有较高的导电性、导热性、延展性、密度和金属光泽。工程上常用的金属材料有铸铁、碳素钢、合金钢、黄铜、铝合金和钛合金等等。

铸铁主要是由铁与少量石墨组成的合金,如灰口铸铁、球磨铸铁、可锻铸铁等。碳素钢则是主要由铁和渗碳体(铁碳化合物,化学式为 Fe_3C)组成的合金,按材料中碳元素的质量百分比可分为低碳钢(含碳量低于 0.25%)、中碳钢(含碳量在 0.25%~0.6%)和高碳钢(含碳量大于0.6%),如 20 钢(含碳量约为 0.2%)、45 钢(含碳量约为 0.45%)、60 钢(含碳量约为 0.6%)、T12 钢(含碳量约为 1.2%)等等。合金钢是指在碳素钢成分基础上加入其他一种或多种金属、非金属元素制成的某种性能突出的钢材,如 40Cr 合金钢、1Cr18Ni9 不锈钢和 W18Cr4V 高速钢等等。

5.1.2 无机非金属材料

无机非金属材料是以某些元素的氧化物、碳化物、氮化物、卤素化合物、硼化物以及硅酸盐、铝酸盐、磷酸盐、硼酸盐等物质组成的材料。常见的无机非金属材料有玻璃、水泥、石墨、陶瓷、金刚石、石膏、云母、大理石等等。

5.1.3 有机高分子材料

有机高分子材料也称聚合物,是一类由一种或几种分子或分子团以共价键结合成具有多个重复单体单元的大分子材料,其分子量高达 10^4~10^6。有机高分子材料密度小,比强度大,具有较强的绝缘性和耐腐蚀性,且加工时具有良好的成型性能。工程上常见的有机高分子材料一般为人工合成,如工程塑料、合成橡胶和合成纤维等。

5.1.4 复合材料

复合材料是指根据需要由两种或两种以上化学、物理性质不同的材料组分,以所设计的形式、比例、分布组合而成,各组分之间有明显的界面存在的材料,即复合材料不仅保持各组分材料性能的优点,而且通过各组分性能的互补和关联可以获得单一组成材料所不能达到的综合性能。碳纤维复合材料是最常见的一种复合材料,它是由碳纤维与树脂、金属、陶瓷等基体复合制成的结构材料,具有强度高、重量轻、耐高温和耐腐蚀的特点。

5.2 热处理工艺

热处理是指在金属材料固体状态下,对其通过加热、保温和冷却的手段,在不改变其形状和尺寸的前提下,使原有晶体组织发生转变,以达到改变金属材料力学性能目的的一种热加工工艺。根据工件的形状、尺寸、材质和使用性能,选择合适的加热速度、加热温度、保温时间和冷却速度是热处理工艺中的关键。

热处理工艺种类丰富,碳素钢作为仅含有 Fe、C 两种元素的合金,其晶体种类和热处理工艺较为简单,本章的热处理工艺均是基于碳素钢进行讲解。在金属材料学中, Ac_3 线、Ac_1 线、Ac_m 线是碳素钢加热过程中三条关键的温度线,如图 5-1 所示,其中 Ac_3 线是含碳量介于 0.02%~0.77% 的碳素钢发生完全晶体转变的温度线,其温度随含碳量增加由 912 ℃ 逐渐降低至 727 ℃。Ac_m 线是含碳量在 0.77%~2.11% 之间的碳素钢发生完全晶体转变的温度线,其温度随含碳量增加由 727 ℃ 逐渐升高至 1 148 ℃。在 Ac_3 线和 Ac_m 线以上保持足够时间,碳素钢的晶体组织会完全转变为一种称为奥氏体的晶体组织。Ac_1 线(727 ℃)是碳素钢发生不完全晶体转变的温度线,升高至此温度线以上时碳素钢仅部分晶体会转变为奥氏体。

碳素钢热处理工艺的核心思想就是在加热阶段控制加热温度,使原有晶体组织全部或部分转变为奥氏体,并通过保温控制晶体长大的程度,消除残余组织,最后在热处理的冷却阶段,奥氏体经历不同的冷却速度,可以最终获得不同性能的晶体组织,如图 5-2 所示。

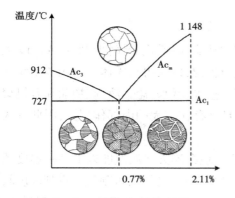

图 5-1　碳素钢加热转变曲线

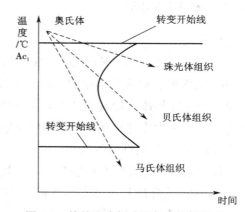

图 5-2　热处理冷却速度与产物关系图

5.2.1 退火和正火

1. 重结晶退火

重结晶退火是将低碳钢或中碳钢加热到 Ac_3 温度线以上 30~80 ℃ 并保温一段时间,使其全部转变为奥氏体,再缓慢冷却(炉冷、埋砂冷却、空冷)重新结晶的过程。对于发生加工硬化的工件,重结晶退火形成的晶体组织较大,可以降低工件硬度,方便后续加工。对于铸件,重结晶退火可消除晶体间缺陷和不良晶体,提高强度和韧性。

2. 球化退火

球化退火是将中碳钢或高碳钢加热至 Ac_1 线以上 20~30 ℃,再降温至略低于 Ac_1 线进行保温,最后取出进行空冷的过程。中碳钢或高碳钢工件若在铸造、焊接等工艺中经历缓慢冷

图 5-3 球化退火前后组织对比

却,会形成网状或棒状的渗碳体,对材料组织有强烈的割裂效应,承受冲击时会使晶体沿渗碳体断裂,且降低了材料的可切削性和韧性,而球化退火的加热温度较低,可使渗碳体不完全溶解,并在重新冷却后变成近似球状,从而改善加工性能和力学性能。球化退火前后组织对比见图 5-3。

3. 去应力退火

去应力退火是将碳素钢加热至 Ac_1 以下适当温度,保温后缓慢冷却的过程。铸件、锻件、焊件、切削件加工后进行去应力退火,可减小因加工中冷却过快、外力挤压、温度变形等影响,使晶体组织间存在内部作用力,出现变形和开裂倾向。

4. 正火

正火是指将钢加热至 Ac_3 或 Ac_m 以上 30~50 ℃,保温后再取出进行静态空冷、吹风冷却、喷雾冷却的过程。正火加热温度较高,利用重结晶可消除铸件和焊件存在的晶体缺陷。低碳钢因硬度较低,切削时会因为"粘刀"加快刀具磨损,进行正火后可使其获得较细密、硬度较高的晶体组织,提高切削效率。工件需要球化退火时,应先进行正火,以细化晶体并消除较大的渗碳体组织,有助于球化退火时获得组织均匀细密的球状渗碳体。

5.2.2 淬火和回火

1. 淬火

淬火是指将低碳钢加热至 Ac_3 线以上 30~50 ℃,中碳钢或高碳钢加热至 Ac_1 以上 30~50 ℃,保温后放入介质中快速冷却至较低温度后进行保温,以获得马氏体或贝氏体组织的过程。淬火冷却速度较其他热处理工艺更快,常用清水、盐水、碱水、盐熔液、矿物油和有机聚合物溶液等作为冷却介质,冷却后所形成的组织细密,且会存在较大的内部作用力,因此淬火件具有硬度高、耐磨性好的特点。

碳素钢淬火冷却时存在临界冷却速度,该速度一般出现在淬火保温温度以下某一温度范围,碳素钢的实际冷却速度需要达到临界冷却速度以上才能获得马氏体,否则就会得到硬度较低的退火或正火组织,而超过临界冷却速度过高时则会使工件淬火后出现明显变形和开裂。为解决这一矛盾,工件淬火时一般采取分级淬火方式,即将工件由加热炉取出后首先浸入冷却能力较低的介质(如空气、矿物油或清水等)进行冷却,当温度降低至临界冷却速度所处温度范围时,立刻取出工件浸入冷却能力较高的介质(如盐水、盐熔液和有机聚合物溶液等)进行冷却,当温度低于该范围后,再次换用冷却能力较低介质冷却。

碳素钢淬火冷却后进行较高温度的保温过程时,形成称为贝氏体的组织,包括上贝氏体和

下贝氏体,其中下贝氏体的韧性、硬度和塑性适中,综合性能较好。进行较低温度的保温过程时,形成称为马氏体的组织,硬度和脆性较大,易出现变形开裂情况。如图 5-4 所示。

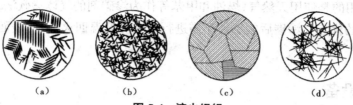

图 5-4 淬火组织
(a)上贝氏体;(b)下贝氏体;(c)板条马氏体;(d)针片马氏体

2. 回火

回火是指将淬火后的工件重新加热至 Ac_1 线以下某一温度,保温一段时间后冷却到室温的热处理工艺。按照回火温度不同,可分为低温回火、中温回火和高温回火。

低温回火温度范围为 150~250 ℃,伴随马氏体部分分解和碳化物析出,最后形成回火马氏体,低温回火会稍微降低工件硬度,但基本消除了淬火的内部作用力,降低了材料脆性,主要用于要求具有高硬度和高耐磨性的刃具、量具、冷作模等淬火后的热处理。

中温回火温度范围为 350~500 ℃,回火组织称为回火索氏体,中温回火后硬度会出现一定下降,但可以提高弹性和韧性,因此可用于弹簧、热锻模等淬火后的热处理。

高温回火温度范围为 500~650 ℃,回火组织称为回火托氏体,高温回火后工件硬度明显降低,但塑性和韧性有很大提高,主要用于各类重要的结构零件淬火后的热处理,如曲轴、丝杠、连杆、齿轮及轴类零件等。在淬火之后进行高温回火的热处理工艺称为调质处理。

回火后的组织如图 5-5 所示。

图 5-5 回火组织
(a)回火马氏体;(b)回火索氏体;(c)回火托氏体

3. 表面淬火与渗碳

表面淬火和渗碳属于表面热处理工艺,对于某些在扭转和弯曲等交变载荷、冲击载荷条件下工作的零件,如齿轮、凸轮、曲轴等,表面比心部承受更高的应力和摩擦,这就要求材料表面具有高硬度和高耐磨性,而心部要求有足够的塑性和韧性。为满足这些零件的性能要求,就需要采用表面热处理。

表面淬火是指利用快速加热使零件表面达到淬火温度再放入冷却介质中进行淬火,以获得表层高硬度组织,而心部仍为原始组织的热处理工艺,一般多用于中碳钢和高碳钢。

渗碳是将含碳介质在高温环境下通过扩散方式渗入工件表层,再进行淬火以获得表层高硬度组织的热处理工艺,一般多用于低碳钢。固体渗碳法起源最早,使用木炭等有机物作为渗碳剂,设备简单但渗碳效率低。液体渗碳法是使用氰化物作为渗碳剂,虽然渗碳均匀但毒性过大。目前大量应用的是使用天然气、煤油和甲苯等作为渗碳剂的气体渗碳法,具有渗碳速度快和渗碳状态可控的优点。渗碳后的工件还需进行淬火和低温回火,以使表面转变为稳定的回火马氏体组织。

5.3 热处理设备

热处理设备种类繁多,其中最重要的是热处理加热炉。目前在工业生产中,使用最多的是箱式电阻炉、感应加热炉和盐浴炉。

箱式电阻炉的炉膛一般由耐火材料砌成,内置有测温器和加热丝,加热温度和时间由程控器按程序执行。其结构简单,温控准确,能耗较低,是目前应用最广泛的加热设备。但当加热时间过长时会存在碳素钢表面碳元素与空气反应引起的脱碳烧损情况。

感应加热炉配有空心紫铜管绕成的线圈,加热时将工件置于线圈中,在线圈中通以一定频率的交流电,使工件表面出现感应电流,之后电流会将工件表面快速加热。电流频率越高,加热深度越浅。其具有加热快、能耗低、脱碳少和工艺灵活的特点,因此在表面淬火、钎焊和铸造中使用广泛。

盐浴炉是将盐作为介质,加热至熔融状态后对工件进行加热或保温的设备。常用的盐类按熔点由高到低依次为氯化盐、氰化盐和硝酸盐。盐浴炉加热均匀、速度快、保温效果好,盐附着在工件表面还可起到防氧化作用,保证了工件表面质量。但盐类挥发使得劳动条件差、环境污染严重,而且硝酸盐加热温度过高易产生危险,而氰化盐毒性极强,以上问题均限制了盐浴炉的应用范围。

5.4 质量检测

5.4.1 硬度检测

金属材料抵抗其他更硬物体压入其表面的能力称为硬度。不同晶体组织的硬度一般会有明显区别,因此热处理最明显的结果就是硬度变化,工件热处理前后均会进行硬度检测,以判断是否得到目标晶体组织。金属材料硬度一般使用硬度计进行检测,硬度计的硬质压头压入被测材料表面,保持规定时间后卸除载荷,通过测量材料表面压痕的尺寸得到金属材料的硬度值。同等情况下压痕越大,说明被测材料越软。常见的硬度方法有布氏硬度、洛氏硬度和维氏硬度,本节硬度检测参数针对的为碳素钢材料。

1. 布氏硬度

根据 GB/T 231.1—2009《金属材料 布氏硬度试验 第 1 部分:试验方法》规定,布氏硬度使用直径为 D 的球形硬质合金压头。压头压入被测材料表面并保持规定时间后卸载,测量材料表面压痕直径 d,通过查表得到布氏硬度值。布氏硬度法的优点是可以在较大面积上体现被测材料的硬度,测量重复性较好。缺点是测量时间长,且压痕较大,不适用于成品检验。

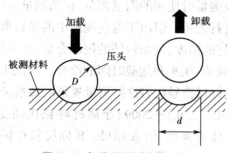

图 5-6 布氏硬度测试原理图

2. 洛氏硬度

根据 GB/T 230.1—2009《金属材料 洛氏硬度试验 第 1 部分:试验方法》规定,洛氏硬度可使用 $120°$ 顶角金刚石圆锥压头、淬火钢球压头或硬质合金钢球压头,在测量时对压头首先施加一定的预载荷,此时印痕深度为 h_1,再继续施加主载荷,使印痕深度为 h_2,保持规定时间后卸除主载荷,在保留预载荷情况下测量材料表面的残余压痕深度 h。洛氏硬度计的表盘可以将压痕深度转换为表盘读数,操作者可以直接读出洛氏硬度值。洛氏硬度法的优点是检测快,压痕小,适合成品检验,工业上使用最为广泛。缺点是重复性差,需要多次检测取平均值。

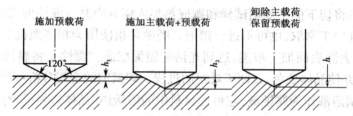

图 5-7 洛氏硬度测试原理图

3. 维氏硬度

根据 GB/T 4340.1—2009《金属材料 维氏硬度试验 第 1 部分:试验方法》规定,维氏硬度使用两相对面夹角为 $136°$ 的正四棱锥金刚石压头,压入被测材料表面并保持规定时间后卸载,测量材料表面压痕的对角线长度 d,再查表得到材料的维氏硬度值。

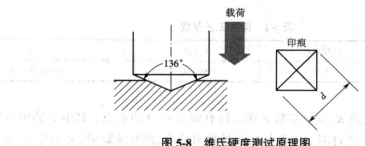

图 5-8 维氏硬度测试原理图

4. 硬度值的表示

在表示硬度值时,应体现测量时使用的测量规范,包括测量方法、压头类型、加载时间和载荷大小等,并以规定的格式进行表示。但由于这些规范中的参数繁多,而且为了保证对不同硬度的材料进行测试时均有较好的精度,例如较硬的硬质合金、淬火钢,以及较软的有色合金,硬度测试时会选用不同规格的载荷、压头和加载时间的组合。因此为了方便硬度值的表示,引入了标尺的概念,即使用特定的标尺符号代表这些测量规范的参数组合,形成硬度值的表示法。

以洛氏硬度法为例,在 GB/T 230.1—2009《金属材料 洛氏硬度试验 第 1 部分:试验方法》中规定了洛氏硬度法常用的 11 种标尺,如 A 标尺、B 标尺和 C 标尺等,洛氏硬度值按照自左至右分别为硬度值、硬度法代号和标尺代号的顺序进行表示,如 58HRC 代表使用洛氏硬度法、C 标尺时测得的洛氏硬度值为 58。

5.4.2 金相分析

金相分析是对金属材料晶体进行显微观察以分析工艺是否达到技术要求,可以用于检测热处理、锻造、铸造、焊接工件是否存在不良晶体组织,如晶体粗大、晶间裂纹、晶体残余等等,可以发现硬度检测无法发现的质量缺陷。

金相分析首先需要制备待测试样,主要包括切割、镶嵌、磨抛、腐蚀和观察。切割是指从工件表面切割出一块试样以供观察,为避免切割高温导致材料晶体出现变化,应在切割过程中予以冷却。镶嵌是指将切下的不规则试样和镶嵌剂加入模具中制备成外形规则的镶嵌试样,如果试样形状规则且便于拿取,也可不进行镶嵌。磨抛是指使用金相磨抛机对试样待测表面进行磨削和抛光,以去除表面加工痕迹,达到光洁的镜面状态。腐蚀是将腐蚀液涂抹于待测表面,腐蚀晶体边界并使晶体变色,以便于观察的过程。碳素钢的金相分析可使用硝酸质量分数 4%~5% 的硝酸酒精溶液作为腐蚀液,它可使材料中的渗碳体、晶体边界呈现黑色,方便后续使用金相显微镜进行观察。

5.5 热处理案例分析

本节介绍工业生产中常用的 45 钢(含碳量约为 0.45%)的淬火工艺,根据 GB/T 699—2015《优质碳素结构钢》中的规定,淬火工艺参数如表 5-1 所示。

表 5-1 淬火工艺参数

加热温度	冷却方式	硬度值	工件尺寸
840 ± 20 ℃	水冷	>48HRC	$\phi 18 \text{ mm} \times 25 \text{ mm}$

加热时间 t_1 为装炉系数 K、加热系数 α 和工件有效尺寸 D 的乘积。其中 t_1 的单位为 min;K 为装炉系数,当加热单一工件时,K 值为 1,工件数量越多、摆放越紧密,K 值越大;α 为加热系数,当使用电阻炉时,α 为 1.0~1.5,使用盐浴炉时,α 为 0.4~0.6;D 为工件有效尺寸,单位为毫

米,工件尺寸越大,D 值越大。当工件外形比较简单时,D 一般取工件外形尺寸的最小值。因此由以上可知,用电阻炉加热表 5-1 中的单一工件时,K 和 α 均为 1,D 为 18 mm,可知加热时间 t_1 为 18 min。保温时间 t_2 为 t_1 与保温系数 β 的乘积,碳素钢的保温系数 β 一般为 0.3,因此可知保温时间约为 6 min。

保温结束后,需要将工件立即取出进行冷却,冷却介质可使用氯化钠质量分数为 5%~10% 的氯化钠溶液。氯化钠溶液在高温时析出的氯化钠颗粒可有效破坏水接触高温工件瞬间汽化形成的蒸汽膜,以保证高温阶段工件始终与液态水进行接触,保证了淬火时的冷却速度,提高淬火的成功率。淬火后的工件一般硬度在 48HRC 以上。淬火后为防止内应力造成的变形,复杂形状的工件还可以进行低温回火来稳定组织。

第 6 章 切削加工基础

6.1 金属切削原理

切削加工是指利用刀具采用切削的办法把毛坯上多余的金属去除,从而获得符合尺寸、形状精度、位置精度和表面质量等要求的工件的加工过程,也称作冷加工。需要切削加工的毛坯称作工件,毛坯上多余的金属称为加工余量,从毛坯上切下的金属称为切屑。

6.1.1 切削运动与切削用量

1. 切削运动

在切削过程中,为完成工件表面的加工,需要刀具与工件有确定的相对运动关系,即切削运动。根据切削过程中的作用不同,切削运动包括主运动和进给运动。主运动使刀具和工件之间产生相对运动,使刀具前刀面切入工件而实现切削。主运动一般速度最高,消耗功率最大,进给运动使刀具与工件产生附加的相对运动,配合主运动连续切削。

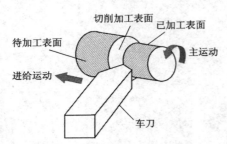

图 6-1 刀具的切削运动和加工表面

工件在加工过程中,总会出现三个变化着的表面,以车削举例说明,如图 6-1 所示,其中待加工表面是指即将被切削去除材料的工件表面,切削加工表面是指正在被刀具进行切削的表面,而已加工表面是刀具切削完成后形成的新表面。

2. 切削用量

切削用量是切削时各运动参数的总称,是调整机床加工参数的依据。切削用量一般包括切削速度、进给量和背吃刀量。

切削速度 v 是指刀具切削刃上选定点相对于工件主运动方向上的瞬时速度。当主运动为旋转运动时,如车削、铣削和钻削等,其切削速度为刀具与工件接触点的最大线速度。

进给量 f 是指刀具在进给运动方向上相对工件的位移量。对于单齿刀具(如车刀等),进给量用刀具或工件每转或每行程内刀具在进给方向上的位移量来表示,对于多齿刀具(如钻头、铣刀等),进给量用刀具每转或每行程内每齿的进给量来表示。

背吃刀量 a_p 是指在通过切削刃上选定点并垂直于该点主运动方向的切削层尺寸平面中,垂直于进给运动方向测量的切削层尺寸。

如图 6-2 所示,以车削为例,其中 d_1 为工件待加工表面直径,d_2 为工件已加工表面直径,单位为 mm,f 为进给量,a_p 为背吃刀量。

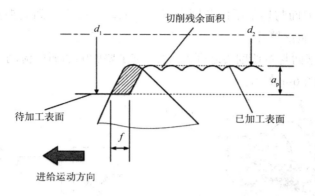

图 6-2　切削用量示意图

6.1.2　刀具及其角度

1. 刀具结构

整体式刀具加工时直接在刀体上刃磨出切削刃,刀刃和刀体材料一致。当使用成本较高的材料制作刀具时,使用整体式刀具的经济性不高,整体式刀具一般常用高速钢材料制作。

焊接式刀具是将切削刀刃通过焊接的方式与刀体材料连接,这种刀具形式的结构刚性好,节省贵重材料,刀具角度可以根据需要刃磨调整,但如果焊接处存在内应力和裂纹,会使切削性能下降。

机夹式刀具使用批量生产的多边形刀片,通过紧固装置固定在刀体上,当切削刃磨损后,只需将刀片转位更换为另一新刀刃,标准化设计的刀片和刀体保证调整后刀具与工件的相对位置不变,因此无需调整即可继续切削,极大地提高了加工效率和质量。

刀具结构如图 6-3 所示。

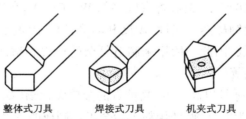

整体式刀具　　　焊接式刀具　　　机夹式刀具

图 6-3　常见的刀具结构形式

2. 刀具的角度

①主偏角 κ,即主切削刃在基面内的投影与进给方向之间的夹角,减小主偏角能分散刀刃上的负荷,改善散热条件,加强刀尖强度,但是也使得工件径向切削力增大,影响加工精度。

②副偏角 κ',即副切削刃在基面内的投影与进给方向反方向的夹角,减小副偏角有利于减小切削残留面积,提高工件表面质量,但副偏角过小会引起工件震动。

③前角 α,即前刀面与基面分别在正交平面内的投影之间的夹角,前角越大刀尖越锋利,但强度也越低,容易产生磨损或崩刀。

④后角 β 即后刀面与切削平面分别在正交平面内的投影之间的夹角,后角越大刀面与工件的摩擦越小,加工质量越好。

⑤刃倾角 γ 即基面与主切削刃之间的夹角,它主要影响切屑的流动方向和切削刃的强度。

刀具的角度如图 6-4 所示。

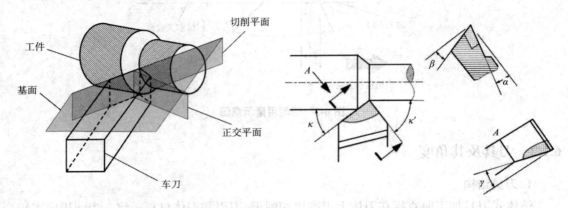

图 6-4 刀具的角度

3. 刀具材料

刀具材料是指刀具切削部分的材料,目前常用的刀具材料有以下几种。

1)普通工具钢 常用的工具钢有碳素工具钢和合金工具钢。碳素工具钢是含碳量较高的优质钢(含碳量 0.7%~1.2%,如 T10A),淬火后硬度高,但耐热性较差,合金工具钢是在碳素工具钢中加入少量 Cr、W、Mn、Si 等元素,可以减少热处理变形,提高耐热性。这两种材料常用来制造切削速度不高的手工刀具,如锉刀、锯条、钢丝钳、螺丝刀等。

2)高速工具钢 高速钢是一种具有高硬度、高耐磨性和高耐热性的工具钢,又称高速工具钢,含碳量一般在 0.70%~1.65%,含有较多的 W、Cr、V 等合金元素,在高速切削时仍能保持较高的硬度。高速钢虽然耐热性、硬度和耐磨性低于硬质合金,但强度、韧性和工艺性优于硬质合金,成本较低,因此一般用来制造复杂的薄刃和耐冲击的整体式刀具,如高速钢材料的车刀、铣刀、钻头等。

3)硬质合金 硬质合金是以高硬度、高熔点的金属碳化物(如碳化钨、碳化钛等)作为基体材料,以金属钴、镍等作为黏结剂,使用粉末冶金工艺制成的一种合金材料。硬质合金的硬度高,耐高温,耐磨性好,允许切削速度比高速钢的切削速度高数倍,但强度、韧性和工艺性比高速钢差,因此常制成各种形式的刀片,夹固或焊接在刀体上使用。

4. 刀具磨损

刀具在切削过程中由于受高温、摩擦和挤压的影响,切削刃会逐渐磨损变钝导致无法使用。对于整体式刀具可重磨刀具,经过合理刃磨以后,刀具切削刃还可以重新变得锋利,当磨损——刃磨——再磨损进行若干循环后,刀具会因磨损超过限度而报废。

刀具的磨损可以通过测量刀面磨损量来衡量刀具磨损阶段,如图 6-5 所示。初期磨损阶段:主要受刀具表面结构要求或刀具表层组织耐磨性影响,刀具的磨损较快。正常磨损阶段:

由于初期磨损去除了切削刃表面质量的影响,减小了表面切削力,磨损缓慢。急剧磨损阶段:经历了长时间的正常磨损阶段后,刀刃部分的摩擦力加大,切削热急剧上升,磨损加快。

实践经验表明,合理的刃磨时机在刀具处于正常磨损阶段后期至急剧磨损阶段之前,这样既可以防止刀具过度磨损,同时又提高了加工效率,但生产中通过经常测量刀面磨损量来决定刀具是否报废并不实际,通常以刀具的实际切削时间来衡量。

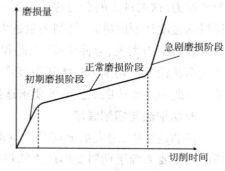

图 6-5　刀具的磨损阶段

6.1.3　金属切削过程的变形

1. 切削变形

切削时塑性金属首先在刀具前面的挤压下发生弹性变形;随着刀具继续切削,金属内部作用力逐渐加大,当超过材料本身的强度后,金属产生塑性变形;刀具继续前进,材料内部作用力继续增大直至被挤裂,并沿刀具前刀面流动形成切屑。

2. 切屑的种类

在金属切削过程中,由于材料性能、刀具角度和切削参数的影响,会形成不同种类的切屑,如图 6-6 所示。当刀具前角较大、切削速度较高、进给量较小且切削的是塑性材料时,容易形成带状切屑,此时切削力平稳,加工表面质量好,但带状切屑不易断裂,因此需注意采取断屑措施。当刀具前角较小、切削速度较低、进给量较大且切削的是中等硬度的塑性材料时,容易形成节状切屑,外表面呈锯齿形,有明显裂痕,切削力波动较大使得加工表面较粗糙。当切削的是铸铁等脆性材料时,切削层会因崩碎而形成不规则碎块状屑片,此时切削热和切削力都集中在主切削刃和刀尖附近,刀尖易磨损,且因切削力波动使得加工表面较粗糙。

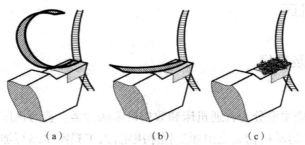

（a）　　　　　　（b）　　　　　　（c）

图 6-6　切屑的种类

（a）带状切屑；（b）节状切屑；（c）崩碎切屑

6.1.4　切削力与切削温度

1. 切削力

在切削过程中,刀具切入工件会遇到很大的阻力;同时,工件和切屑对刀具还会产生一定

59

的摩擦力,这两种力的合力称为切削力。切削力的大小和很多因素有关。一般来说,工件所用材料的强度和硬度越高,切削用量越大,刀具越钝,切削加工时产生的切削力越大。

若切削力太大,会使机床、工件和刀具组成的工艺系统产生弹性变形,致使工件因变形而产生形状误差。切削力过大还可能产生刀具崩刃、机床"闷车"、顶跑工件、损坏机床等生产事故。因此一定要按照工艺卡的要求选择切削用量,在操作时应避免此类事件的发生。

2. 切削热与切削温度

切削过程中,绝大部分切削能量都转化为热量,这种因切削做功产生的热量称为切削热。切削热主要来源于切屑变形产生的热量,还有一部分来源于刀具与切屑、刀具与工件表面的摩擦发热。

切削热产生后,由切屑、工件、刀具和周围介质(如空气和冷却液等)传导出去,如图 6-7 所示。实验结果表明,车削时的切削热主要由切屑传出,且由切屑和周围介质传导出去的热量越多,对切削加工越有利,刀具传导的热量虽然很少,但由于刀尖体积很小,所以温升很大,加剧了刀具磨损,另外传入刀具和工件的切削热还会使刀具和工件产生变形导致尺寸误差,因此需要减小切削热产生和改善冷却条件来降低切削热对加工的影响。

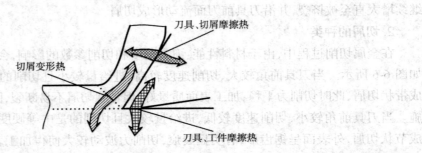

图 6-7 切削热的来源

6.2 金属切削机床

6.2.1 机床的分类及型号

1. 机床的分类

工业生产中的机床主要分为普通机床和数控机床两大类。普通机床的运动机构完全由人工操控,而数控机床的运动机构完全由加工程序决定,人工只需要编写加工程序或对自动生成的程序进行修订检查即可,数控机床相较于普通机床具有重复精度高、生产效率高的特点,因此工业生产中大量使用的机床主要是数控机床,而普通机床主要用于单件加工、配件维修的场合。

按照工作原理分类,普通机床主要分为车床、铣床、磨床、钻床、镗床、刨插床、锯床、特种加工机床等。

2. 机床的编号

机床的编号按照 GB/T 15375—2008《金属切削机床 型号编制方法》中的规定,编号由左至右依次为类代号、组系代号(组代号+系代号)、主参数。类代号为按加工原理分类后的机床大类代号,组系代号为同一机床大类下按加工原理、机械结构等进行细分的子代号,主参数反映了机床的最大加工能力。

6.2.2　机床的组成与传动

1. 机床的组成

机床的类型很多,其外形与构造也不相同。归纳起来,机床都具有以下几个主要组成部分。以车床为例,主要组成如下:

①用来实现机床主运动的部件,如车床主轴箱;

②用来实现机床进给运动的部件,如车床的溜板箱、进给箱;

③用来安装工件的装置,如车床用卡盘;

④用来安装刀具的装置,如车床刀架;

⑤用来支承和连接机床各零部件的支承件,如车床床身;

⑥用来为机床提供动力的动力源,如电动机。

2. 机床的传动

机床通过传动系统将运动源(如电动机或其他动力机械)与执行件(工件和刀具)联系在一起,使工件与刀具产生切削运动(旋转运动或直线运动),从而进行切削加工。在机床的传动系统中,最常用的传动方式有机械传动、流体传动和电气传动。机械传动中用来传递运动和动力的装置称为传动副,机床上常用的传动副如下。

(1)带传动

利用传动带与带轮间的摩擦力传递轴间的转矩,机床多用 V 形带传动。图 6-8 是皮带传动及传动简图。

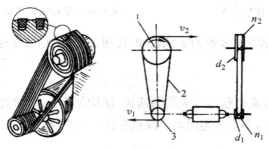

图 6-8　皮带传动及传动简图

1—从动轮;2—传动带;3—主动轮

d_1、d_2 分别为主动带轮和从动带轮的直径,n_1、n_2 分别为主动轮和从动轮的转速,i 为传动比,其计算公式为

$$i = \frac{\varepsilon n_2}{n_1} = \frac{\varepsilon d_1}{d_2} \qquad\qquad (6\text{-}1)$$

式中 ε 为滑动系数,约为 0.98。

带传动的优点是传动的两轴间中心距变化范围较大,传动平稳,结构简单,制造和维修方便。当机床超负荷时传动带能自动打滑,可起到安全保护作用。但也因传动带打滑传递运动不准确,摩擦损失大,而传动效率低。

（2）齿轮传动

利用两齿轮轮齿间的啮合关系传递运动和动力。它是目前机床中应用最多的传动方式,传动形式和传动简图如图 6-9 所示。

z_1、z_2 分别为主动齿轮和从动齿轮的齿数,n_1、n_2 分别为主动齿轮和从动齿轮的转速,i 为传动比,其计算公式为

$$i = \frac{n_2}{n_1} = \frac{z_1}{z_2} \qquad\qquad (6\text{-}2)$$

齿轮传动的优点是结构紧凑,传动比准确,传递转矩大,寿命长。缺点是齿轮制造复杂,加工成本高。当齿轮精度较低时传动不够平稳,有噪声。

（3）蜗杆蜗轮传动

蜗杆蜗轮传动是齿轮传动的特殊形式,即齿轮传动中其中一个齿轮轮齿的螺旋角接近 90° 时变成螺纹形状的蜗杆,形成蜗杆蜗轮转动,图 6-10 是蜗杆蜗轮传动及传动简图。

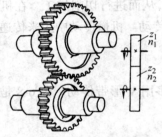

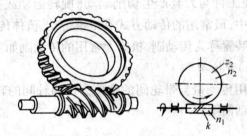

图 6-9　齿轮传动形式及传动简图　　　　图 6-10　蜗杆蜗轮传动及传动简图

设蜗杆的头数为 k,蜗轮的齿数为 z_2,蜗杆的转速为 n_1,蜗轮的转速为 n_2,则传动比为

$$i = \frac{n_2}{n_1} = \frac{k}{z_2} \qquad\qquad (6\text{-}3)$$

蜗杆蜗轮传动的优点是可获得较大的降速比,结构紧凑,传动平稳,噪声小,一般只能将蜗杆的转动传递给蜗轮,反向不能传递运动。缺点是传动效率低。

（4）齿轮齿条传动

它是齿轮传动的特殊形式,即齿轮传动中,其中一个齿轮基圆无穷大时变成齿条,形成齿轮齿条传动,图 6-11 是齿轮齿条传动及传动简图。

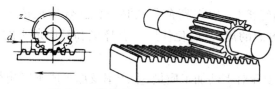

图 6-11　齿轮齿条传动及传动简图

当齿轮为主动时,可将旋转运动变成直线运动;当齿条为主动时,可将直线运动变成旋转运动。如果齿轮和齿条的模数为 m,则它们的齿距 $p = \pi m$。与齿轮传动一样,齿轮转过一个齿时,齿条移动一个齿距。若齿轮的齿数为 z,当齿轮旋转 n 转时,齿条移动的直线距离为

$$I = pzn = \pi mzn \qquad\qquad\qquad\qquad\qquad（6\text{-}4）$$

齿轮齿条传动的优点是可将旋转运动变为直线运动,或将直线运动变为旋转运动,传动效率高。缺点是当齿轮、齿条制造精度不高时,传动平稳性较差。

（5）丝杠螺母传动

利用丝杠和螺母的连接关系传递运动和动力为丝杠螺母传动。丝杠螺母传动及传动简图如图 6-12 所示。

如果丝杠和螺母的导程为 P,当单线丝杠旋转 n 转时,与之配合的螺母轴向移动的距离为

$$I = np \qquad\qquad\qquad\qquad\qquad（6\text{-}5）$$

丝杠螺母传动的优点是传动平稳,传动精度高,可将一个旋转运动变成一个直线运动。缺点是传动效率较低。

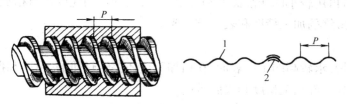

图 6-12　齿轮齿条传动及传动简图
1—丝杠;2—螺母

6.3　机械加工工艺

6.3.1　工艺设计原则

产品的生产需要依次经历市场调研、研究开发、工艺设计、加工制造、质量检测和仓储物流等环节。当产品的细节在研发环节被确定后,工艺设计便是决定产品质量、生产效率和企业利润的核心环节,产品的工艺设计原则应以质量稳定、技术成熟、成本经济、合法合规为原则。质量稳定是指产品最终的性能、尺寸等指标应在多批次内始终维持在合格水平之上,且彼此差距不大的状态。技术成熟是指应选择主流技术进行生产,以避免因技术风险带来的产品性能不可靠和质量不稳定。成本经济是指生产过程所使用的设备、人工、物料成本应在

预期产量下具有合理的经济性,以提高企业利润。合法合规是指生产过程应符合法律法规在质量、环境和安全等方面的规定,避免使用具有环境和健康危害的加工方法、材料,避免排放有毒有害废弃物。

零件切削加工工作步骤对零件加工质量、生产率及加工成本影响很大,零件的材料、批量、形状、尺寸大小、加工精度及表面结构要求不同,切削加工工序也不同,通常按照以下工作步骤进行。

6.3.2　工艺设计方法

（1）精基准优先原则

精基准是指工件上经过机械加工的用以确定其他点、线、面位置所依据的那些点、线、面,生产中常将工件上较大的平面作为精基准。生产中应首先加工精基准,再以精基准为基准加工其他表面。

（2）先主后次原则

首先加工零件上的工作表面、装配基面等主要表面。再此类工序之后或穿插其间安排加工次要表面,如非工作面、键槽、螺栓孔、螺纹孔等。

（3）先粗后精加工

首先使用较大的切削深度和进给量、较小的切削速度进行粗加工,降低加工时间并提高生产率,同时切除尽可能大的加工余量,为精加工打下良好的基础,还能及时发现毛坯缺陷,及时报废和修补。然后再用较小的切削深度和进给量、较大的切削速度进行精加工,降低切削力和切削热,保证工件最终的加工精度和表面结构要求。

（4）光整加工

某些加工质量要求较高的工件表面,在精加工后还要通过研磨、珩磨和抛光等方法进行光整加工,进一步提高工件加工精度和表面质量。

6.4　质量评价及检测

6.4.1　切削加工质量评价

1. 加工精度

加工精度是加工后零件表面的实际尺寸、形状、位置三种几何参数与图纸要求的理想几何参数的符合程度,两者之间的差值称为加工误差,加工误差越小,加工精度就越高,而加工成本一般也越高。在设计时,为了在满足使用要求的前提下尽量降低加工成本和加工能力的要求,需要给定合理的加工误差允许变动量即公差,因此零件的加工精度是由公差来控制的。加工精度分为尺寸精度、形状精度和位置精度三方面。

（1）尺寸精度

尺寸精度是指零件实际尺寸变化所达到的标准公差的等级范围,尺寸精度的高低用尺寸公差等级来表示。国家标准 GB/T 1800.3—2020 规定,公差等级分为 20 级,即 IT01、IT0、IT1、

IT2 至 IT18。IT 表示标准公差,数字表示公差等级,IT01 表示精度等级最高,IT18 精度等级最低。对同一基本尺寸,公差等级越高,公差值就越小,尺寸精度也就越高,因此设计时需要根据零件的功能要求,给出合理的公差等级。

（2）形状精度

形状精度是指零件上被测要素（零件上的点、线或面）加工后的实际形状与其理论形状相符合的程度,以限制加工表面的宏观几何形状误差。形状精度包括直线度、平面度、圆度、圆柱度、线轮廓度和面轮廓度等,符号如表 6-1 所示。

表 6-1　形状精度项目及符号

项目	直线度	平面度	圆度	圆柱度	线轮廓度	面轮廓度
符号	—	▱	○	⌀	⌒	⌓

（3）位置精度

位置精度是指零件上被测要素（点、线、面）的实际位置与其理论位置相符合的程度,以衡量空间上实际坐标值与真实坐标值的误差。位置精度包括位置定向精度（平行度、垂直度、倾斜度）、定位精度（同轴度、对称度、位置度）和跳动（圆跳动、全跳动）,符号如表 6-2 所示。

表 6-2　位置精度项目及符号

项目	定向精度			定位精度			跳动	
	平行度	垂直度	倾斜度	同轴度	对称度	位置度	圆跳动	全跳动
符号	//	⊥	∠	◎	=	⌖	↗	↗↗

2. 表面质量

零件的表面结构与其使用性能关系密切,它对加工中的任何变化（如刀具磨损、加工条件、材料性能等）非常敏感,是用于控制加工过程的重要手段。表面结构包含表面原始轮廓、表面波纹度和表面粗糙度三类结构特征。在表面结构的三类参数中,表面粗糙度更多地被用于表征零件的表面质量。表面粗糙度是指为了保证零件装配后的使用功能,对零件的表面结构给出的质量要求统称,包括表面结构要求、表面加工硬化的程度和深度及表面残余应力的性质和大小。对于一般零件表面质量而言,主要考虑表面结构要求。

零件表面无论采用何种方法加工,加工后总会留下微观的凹凸不平的刀痕,这种微观不平度,即加工表面上微小间距和峰谷所组成的微观几何形状特性,称为表面结构参数。国家标准 GB 131—2006 规定了表面结构的评定参数及其数值,当要求表述表面结构特征获得方法时,其完整图形符号如图 6-13 所示。

表面结构参数数值越大,零件表面也就越粗糙。为了明确表示结构要求,除了标注表面结构参数和数值外,必要时应标注补充要求。补充要求包括:取样长度、加工工艺、表面纹理和方向、加工余量等,如图 6-14 所示。

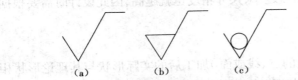

図 6-13 表面特征结构获得方法的完整符号

（a）允许任何工艺；（b）去除材料；（c）不去除材料

图 6-14 表面结构参数补充要求及注写位置

a 表示取样长度，单位 mm

b 表示表面结构参数，由表面结构参数代号和数值
组成成，单位 μm

6.4.2 常用量具的原理及用途

1. 游标卡尺

量具是一种在使用时具有固定形态、用以复现或提供给定量的一个或多个已知量值的器具，它可分为标准量具、通用量具和专用量具。机械加工生产中根据被测量工件的内容和精度不同，常用的通用量具有游标卡尺、千分尺、百分表和万能角度尺等。量具属于精密仪器，应在其规定范围内使用，并注意清洁和轻拿轻放。

游标卡尺是由毫米分度值的主尺和一段能滑动的游标副尺构成，它能够把 mm 位下一位的估读数较准确地读出来，因而是比钢尺更准确的测量仪器。游标卡尺可以用来测量长度、孔深及圆筒的内径、外径等，常用的游标卡尺的分度值有 0.02 mm、0.05 mm 和 0.1 mm 3 种。测量范围有 0~125 mm、0~200 mm 和 0~300 mm 等数种规格，其测量范围最大可达 4 000 mm。游标卡尺的结构简单，使用方便，应用广泛，如图 6-15 所示。

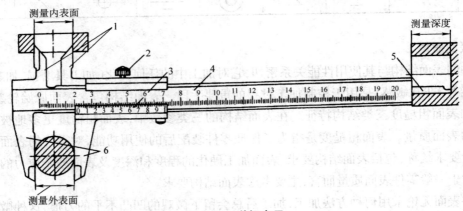

图 6-15 游标卡尺

1—刀口内测量爪；2—紧固螺钉；3—游标副尺；4—主尺身；5—深度尺；6—外测量爪

（1）游标卡尺的读数原理

游标卡尺由主尺身和游标副尺组成。当尺身、游标的测量爪闭合时，主尺身和游标副尺的零线对准，如图 6-16（a）所示。游标副尺上有 n 个分格，它和主尺上的（n-1）个分格的总长度相等，一般主尺上每一分格的长度为 1 mm，设游标上每一个分格的长度为 x，则有 $nx = n-1$，

主尺上每一分格与游标上每一分格的差值为 $1-x = 1/n$（mm），因而 $1/n$（mm）是游标卡尺的最小读数，即游标卡尺的分度值。若游标上有 20 个分格，则该游标卡尺的分度值为 1/20=0.05 mm，这种游标卡尺称为 20 分游标卡尺；若游标上有 50 个分格，则该游标卡尺的分度值为 1/50 = 0.02 mm，称这种游标卡尺为 50 分游标卡尺。实习中常用的是 50 分的游标卡尺。游标卡尺的仪器误差一般取游标卡尺的最小分度值。

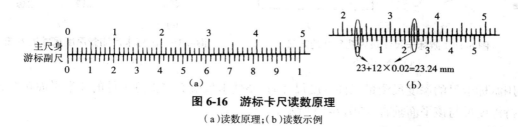

图 6-16　游标卡尺读数原理
（a）读数原理；（b）读数示例

游标卡尺是以游标零线为基线进行读数的。以 0.02 mm 游标卡尺为例，如图 6-16（b）所示，其读数方法分三个步骤。

1）先读整数　根据游标零线以左的主尺身上的最近刻线读出整毫米数。

2）再读小数　根据游标零线以右与主尺身刻线对齐的游标副尺上的刻线条数乘以游标卡尺的读数值（0.02 mm），即为毫米的小数。

3）整数加小数　将上面整数和小数两部分读数相加，即为被测工件的总尺寸值，图 6-16（b）为 23.24 mm。

（2）游标卡尺的正确使用

测量工件外尺寸时，应先使游标卡尺外测量爪间距略大于被测工件的尺寸，再使工件与尺身外测量爪贴合，然后使游标外测量爪与被测工件表面接触，并找出最小尺寸。同时要注意外测量爪的两测量面与被测工件表面接触点的连线应与被测工件的表面垂直，图 6-17 所示。

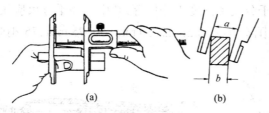

图 6-17　游标卡尺测量外形尺寸的方法
（a）正确；（b）不正确

测量工件内尺寸时，应使游标卡尺内测量爪的间距略小于工件的被测孔径尺寸，将测量爪沿孔中心线放入，先使尺身内测量爪与孔壁一边贴合，再使游标内测量爪与孔壁另一边接触，找出最大尺寸。同时注意使内测量爪两测量面与被测工件内孔表面接触点的连线与被测工件内表面垂直，如图 6-18 所示。

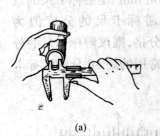
(a)

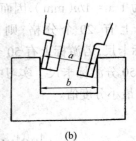
(b)

图 6-18　游标卡尺测量内孔尺寸的方法
（a）正确；（b）不正确

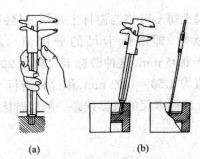
(a)　　　　(b)

图 6-19　游标卡尺测量深度尺寸的方法
（a）正确；（b）不正确

用游标卡尺的深度尺测量工件深度尺寸时，要使卡尺端面与被测工件的顶端平面贴合，同时保持深度尺与该平面垂直，如图 6-19 所示。

用游标卡尺的注意事项如下。

①使用前首先应把测量爪和被测工件表面上的灰尘和油污等擦拭干净，以免擦伤游标卡尺测量面和影响测量精度；其次检查卡尺各部件间的相互作用是否正常，如尺框和微动装置移动是否灵活，紧固螺钉是否能起紧固作用；游标卡尺与被测工件温度尽量保持一致，以免产生温度差而引起测量误差。

②检查游标卡尺零位。使游标卡尺两测量爪紧密贴合，用眼睛观察应无明显的间隙，同时观察游标副尺零线与主尺身零线是否对齐。若没有对齐，应记下零点读数，以便对测量值进行修正。

③测量时应使测量爪的测量面与工件表面轻轻接触，有微动装置的游标卡尺应尽量使用微动装置，不要用力压紧，以免测量爪变形和磨损，影响测量精度。

④游标卡尺仅用于测量已加工的光滑表面，表面粗糙的工件和正在运动的工件都不应用它测量，以免卡尺的刀口过快磨损或发生事故。

2. 千分尺

千分尺是比游标卡尺更为精确的量具，其测量准确度可达 0.01 mm，属于测微量具。千分尺分为外径千分尺、内径千分尺和深度千分尺等，其中外径千分尺应用广泛。外径千分尺的结构如图 6-20 所示，测量起围有 0~25 mm、25~50 mm、50~75 mm、75~100 mm 和 100~125 mm 等数种规格。

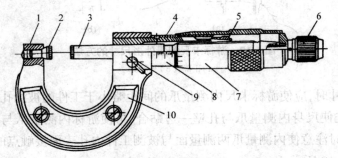

图 6-20　外径千分尺
1—尺架；2—测砧；3—测微螺杆；4—螺纹轴套；5—调节螺母；6—棘轮装置；7—活动套筒；
8—固定套；9—锁紧装置；10—隔热装置

（1）千分尺的读数原理

千分尺是利用螺旋副传动原理,借助螺杆与螺纹轴套的精密配合,将回转运动变为直线运动,以固定套筒和活动套筒(相当于游标卡尺的尺身和游标)所组成的读数机构读得被测工件的尺寸。

千分尺的刻线原理和读数示例如图6-21所示。千分尺的刻线原理为:在固定套筒上刻有一条中线,作为千分尺读数的基准线,纵刻线上、下方各有一排刻线,刻线间距均为1 mm,上下两排刻线相错间距0.5 mm,这样可读得0.5 mm。活动套筒旋转360°,在轴向上移动0.5 mm。把活动套筒等分为50小格,每小格为0.5/50 = 0.01 mm,其最小测量精度为0.01 mm。固定套筒上的中线作为不足半毫米的小数部分的读数指示线。当千分尺的螺杆左端与测砧表面接触时,活动套筒左端的边线与轴向刻度线的零线应重合,同时圆周上的零线应与固定套筒的中线对准。

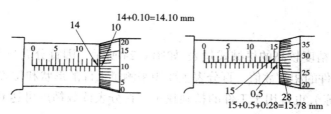

图6-21　外径千分尺读数原理

千分尺读数步骤如下:

①读出活动套筒左边端面线在固定套筒上的刻度;

②读出与固定套筒轴向刻度中线重合的活动套筒上的圆周刻度线;

③把以上两个刻度的读数相加。

（2）千分尺的正确使用

①使用前首先要校对零位,以检查起始位置是否准确。对于测量范围在0~25 mm的千分尺,可直接校对零位;对于测量范围大于25 mm的千分尺,要用量块或专用校准棒校对零位,如有误差可对测量结果进行修正。工件较大时应放在V形铁或平板上测量。

②测量时当螺杆快要接触工件时,必须拧动活动套筒端部棘轮装置,如图6-22所示。当棘轮发出"咔咔"打滑声时,表示螺杆与工件接触压力适当,应停止拧动。严禁拧动活动套筒本身,以免用力过度,使测量不准确。

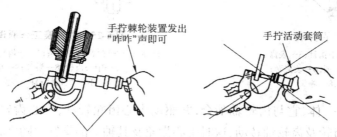

图6-22　外径千分尺的测量操作

③被测工件表面应擦拭干净并准确放在千分尺测量面上,不得偏斜,如图6-23所示。用后擦净,放入专用盒内,置于干燥处。

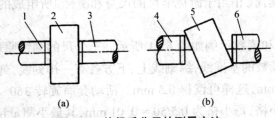

图 6-23　外径千分尺的测量方法
（a）正确　（b）不正确
1,4—测帧;2,5—工件;3,6—测微螺杆

内径千分尺、深度千分尺等刻线原理和读数方法与外径千分尺完全相同,只是所测工件的部位不同。

3.百分表

百分表是一种精度较高的机械式量表,如图6-24所示。因百分表只有一个活动测量头,所以它只能测出工件的相对数值。百分表主要用来测量工件的形状和位置误差(如圆度、平面度、垂直度和跳动等),也常用于工件的精确找正。百分表读数精度可达0.01 mm。它具有外形尺寸小、质量轻、使用方便等特点。

（1）百分表的工作原理

百分表的工作原理如图6-25所示。百分表利用齿轮齿条传动机构将测杆的直线移动转变为指针的转动,由指针指示出测杆的移动距离。

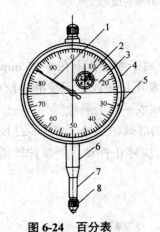

图 6-24　百分表
1—大指针;2—小指针;3—表盘;
4—表体;5—表圆;6—装夹套;
7—测杆;8—侧头

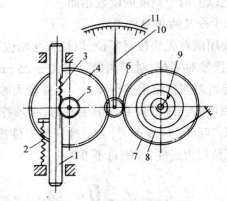

图 6-25　百分表工作原理图
1—测杆;2—弹簧;3—齿条;4,7—齿轮;5—齿轮轴;
6—中心齿轮;8—游丝;9—小指针;
10—大指针;11—表盘

测杆与齿条为一体,它与齿轮轴啮合,并驱动中心齿轮转动,中心齿轮的轴上装有指针。当测杆移动时,使齿轮及齿轮轴转动,这时中心齿轮及其轴上的指针也随之转动。

为了消除由于齿轮啮合间隙引起的误差,齿轮7在游丝8产生的扭矩作用下与中心齿轮

6 啮合,使机构中齿轮副在正反转时均为单面啮合。在齿轮轴 5 上装有小指针,用以指出主指针的转动圈数。百分表的测量力由弹簧 2 产生。

测量时,当测杆向上或向下移动 1 mm,通过齿轮齿条副带动主指针转一圈,与此同时小指针转过一格。刻度盘圆周上有 100 等分的刻度线,每刻度的读数为 0.01 mm,小指针每刻度读数值为 1 mm。测量时大小指针读数之和即为被测工件尺寸变化总量,小指针处的刻度范围即为百分表的测量范围。测量前通过转动表盘进行调整,使主指针指向零位。

（2）百分表的正确使用

百分表应固定在可靠的表架上。根据测量需要可选择带平台的表架或万能表架,如图 6-26 所示。装百分表时夹紧力不宜过大,以免装夹套筒变形,卡住测杆。

测杆与被测工件表面必须垂直,否则会产生测量误差,如图 6-27 所示。

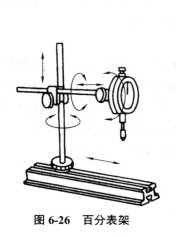

图 6-26　百分表架

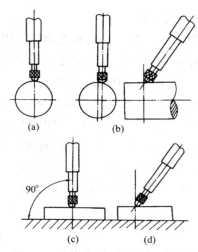

图 6-27　测杆与被测工件相对位置
（a）正确;（b）不正确;（c）正确;（d）不正确

视被测工件表面的不同形状选用相应形状的测头。如用平测头测量球面工件,用球面测头测量圆柱形或平面工件,用尖测头或曲率半径很小的球面测头测量凹面或形状复杂的表面,如图 6-28 所示。

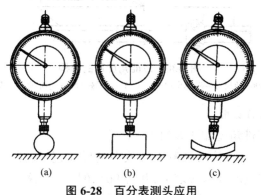

图 6-28　百分表测头应用
（a）平头测球面;（b）球头测平面;（c）锥头测凹面

71

百分表主要用于测量工件尺寸的相对变化量,图6-29为常用的测量实例。

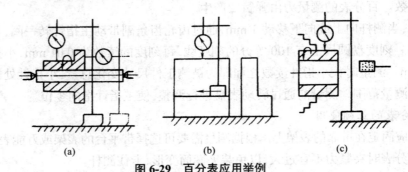

图6-29 百分表应用举例

(a)测量外圆和端面对孔的圆跳动;(b)测量工件两平面的平行度;(c)工件在加紧时找正外圆

4.万能角度尺

在机械加工中,工件的角度测量需用角度量具,如90°角尺(直角尺)、正玄规和万能角度尺等,其中常用的是万能角度尺,它可以直接测量工件的内外角度。

（1）万能角度尺的读数原理

万能角度尺的结构如图6-30所示。其读数原理与游标卡尺相同,它由主尺和游标尺组成读数机构。在主尺正面,沿径向均匀地布有刻线,两相邻刻线之间夹角为1°,这是主尺的刻度值。在扇形游标尺上也均匀地刻有30根径向刻线,其角度等于主尺上29根刻度线的角度,故游标上两相邻刻线间的夹角为29°/30。主尺与游标尺每一刻线间隔的角度差为(30°−29°)/30 = 1°/30 = 2′,即万能角度尺的读数值。其读数方法与游标卡尺完全相同。

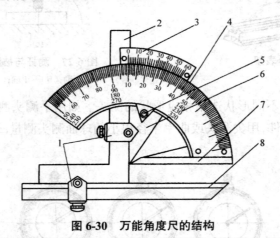

图6-30 万能角度尺的结构

1—卡块;2—90°角尺;3—游标尺;4—主尺;5—锁紧螺母;6—扇形板;7—基尺;8—直尺

（2）万能角度尺的正确使用

用万能角度尺测量工件角度如图6-31所示。

测量0°~50°的夹角时,直接将被测工件放在基尺和直尺的测量面之间进行测量。测量50°~140°的夹角时,需将直尺及卡块取下,并将90°角尺下移,被测工件放在基尺和90°角尺之间进行测量。测量140°~230°的夹角时,同样要把直尺和卡块取下,而且还要把角尺往上推,直到 90°角尺上短边与长边交点和基尺的尖端对齐为止,然后把 90°角尺和基尺的测量面靠在被测工件的表面上进行测量。测量 230°~320°的夹角时,把 90°角尺和卡块全部取下,直接用基尺和扇形板的测量面进行测量,如图 6-31 所示。

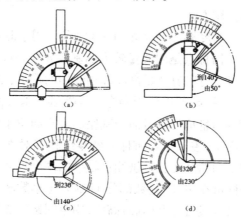

图 6-31   万能角度尺的组合

(a)测量 0°~50°;(b)测量 50°~140°;(c)测量 140°~230°;(d)测量 230°~320°

万能角度尺最大测量角度为 320°,其应用实例如图 6-32 所示。

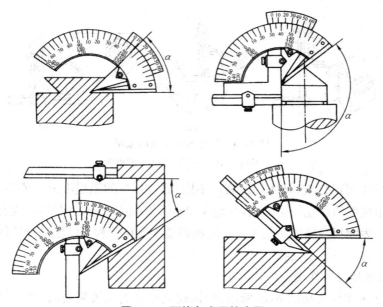

图 6-32   万能角度尺的应用

5. 高度尺

高度游标卡尺简称高度尺、深度尺。顾名思义,它的主要用途是测量工件的高度,另外还经常用于测量形状和位置公差尺寸,有时也用于划线。其本质上就是一种游标卡尺,只是主要用于机械加工中的高度测量、划线等。常见量程:0~300 mm、0~500 mm、0~1 000 mm、

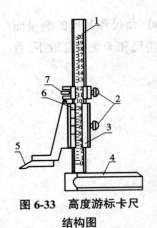

**图 6-33　高度游标卡尺
结构图**

1—主尺；2—紧固螺母；
3—尺框；4—基座；5—量爪；
6—游标；7—微动装置

0~1 500 mm、0~2 000 mm。常见精度：0.02 mm、0.01 mm。

根据读数形式的不同，高度游标卡尺可分为普通游标式和电子数显式两大类。其工作原理和之前的游标卡尺完全一样，这里主要介绍其使用方法。

高度游标卡尺如图 6-33 所示，用于测量零件的高度和精密划线。其结构特点是用质量较大的基座 4 代替固定量爪 5，而动的尺框 3 则通过横臂装有测量高度和划线用的量爪，量爪的测量面上镶有硬质合金，以提高量爪使用寿命。高度游标卡尺的测量工作，应在平台上进行。当量爪的测量面与基座的底平面位于同一平面时，如在同一平台平面上，主尺 1 与游标 6 的零线相互对准。所以在测量高度时，量爪测量面的高度就是被测量零件的高度尺寸，它的具体数值与游标卡尺一样可在主尺（整数部分）和游标（小数部分）上读出。应用高度游标卡尺划线时，调好划线高度，用紧固螺钉 2 把尺框锁紧后，也应在平台上进行先调整再进行划线。高度游标卡尺的日常应用如图 6-34 所示。

6. 粗糙度测量仪、量具

表面粗糙度测量是几何量测量的一个重要分支。与宏观尺寸和形位误差的测量不同，表面粗糙度测量结果反映的是零件表面的微观几何形状。

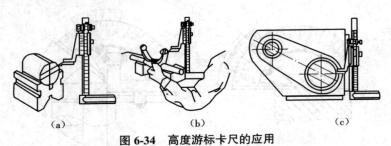

(a)　　　　　　　　(b)　　　　　　　　(c)

图 6-34　高度游标卡尺的应用

（a）划偏心线；（b）划拨叉轴；（c）划箱体

在实际测量中可以发现，被测轮廓表面不同，测量部位的粗糙度测量值存在一定差异，为使测得的表面粗糙度值能比较全面、客观地反映整个被测表面的微观结构，就必须合理选用科学的测量方法。表面粗糙度的测量主要由表面粗糙度测量仪和表面粗糙度比较样块两种常用方法。

（1）表面粗糙度比较样块

表面粗糙度比较样块如图 6-35 所示，根据视觉和触觉与被测表面比较，判断被测表面粗糙度相当于哪一数值，或测量其反射光强变化来评定表面粗糙度。样块是一套具有平面或圆柱表面的金属块，表面分别为磨、车、镗、铣、刨等切削加工，电铸或其他铸造工艺等加工而具有不同的表面粗糙度。此时应选用与测量工件加工方法相同的样块，以确定工件表面粗糙度值。

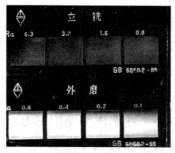

图 6-35　表面粗糙度比较样块

图 6-36　表面粗糙度测量仪

（2）表面粗糙度测量仪

表面粗糙度测量仪如图 6-36 所示，表面粗糙度的测量方法基本上可分为接触式测量和非接触式测量两类。在接触式测量中主要有印模法、触针法等；非接触测量方式中常用的有光切法、实时全息法、散斑法、像散测定法、光外差法、AFM、光学传感器法等。一般可以直接读出其数值。

为了让学生更直观的了解粗糙度的概念，一般使用表面粗糙度比较样块进行教学，其使用方法及注意事项如下。

①目视一般适合检查制件表面粗糙度 Ra 为 3.2~12.5 μm 的制件。对表面粗糙度 Ra 为 0.1~0.4 μm 的制件，建议选择粗糙度测量仪器。

②样块与被测件同置一处。比较样块在比较检验时，被测零部件与比较样块应处于同样的检测条件下，如照明亮度一致，将比较样块与被测部件置于一处，否则，会有偏差。

③表面粗糙度判断的准则。根据制件加工痕迹的深浅，决定表面粗糙度是否符合图纸工艺要求。当被检制件的加工痕迹深浅不超过样块工作面加工痕迹深度时，被检制件的表面粗糙度一般不超过样块的标称值。

④评定粗糙度方法。以粗糙度样块工作面的表面粗糙度为标准，凭触觉（如指甲）、视觉（可借组放大镜、比较显微镜）与被检工件表面进行比较，被检工件表面加工痕迹的粗糙度与对应痕迹比较相近的一块比较样块的粗糙度一致，即该样块的粗糙度值就是被检工件的粗糙度值。

表面粗糙度比较样块的表面应无锈蚀、划伤、缺损及明显磨耗。被测表面也应无铁屑、毛刺和油污。

表面粗糙度比较样块需妥善放置及保养，其注意事项如下。

①使用后或用手直接接触比较样块后，用干净棉布擦净手指汗渍，涂防锈油。

②粗糙度样块应防潮，锈蚀后无法修复；同时，防止划伤。

③粗糙度样块应定置摆放于无酸性、无碱性干燥空气环境的地方保存。不允许与工具（榔头、钳子等）、刀具、零件等杂物混放，不允许与其他量具触碰、叠放。

④应按计量器具周期检定计划送检，检定合格后才能使用。

第7章 车削

车削加工是机械加工中最基本最常用的加工方法。在车床上使用车刀对工件进行切削加工的过程称为车削加工。通常在机械加工车间,车床占机床总数的 30% ~50% ,所以它在机械加工中占有重要的地位。

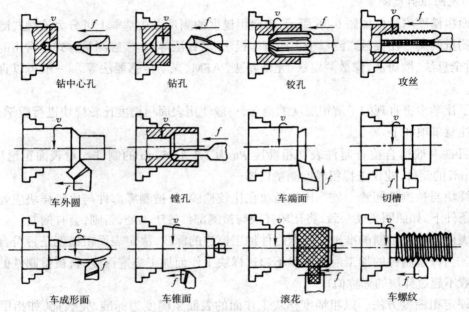

钻中心孔　　钻孔　　铰孔　　攻丝

车外圆　　镗孔　　车端面　　切槽

车成形面　　车锥面　　滚花　　车螺纹

图 7-1　车削加工典型零件类型

7.1　车床

机床型号是用以表达机床类别、通用性能、结构特性和主要技术规格的编码。机床型号的编制是采用汉语拼音和阿拉伯数字按一定规律组合排列的。在现代机器制造中,车床是各种金属切削机床中应用最多的一种。其种类很多,最常用的为卧式车床。例如 C6136 车床表示为

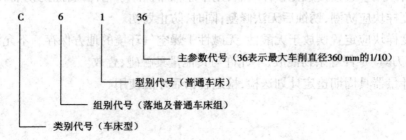

C　6　1　36

主参数代号（36表示最大车削直径360 mm的1/10）

型别代号（普通车床）

组别代号（落地及普通车床组）

类别代号（车床型）

图 7-2 为 C6 136 型卧式车床外形图,其主要组成部分由主轴箱、进给箱、溜板箱、刀架、尾座、丝杠、光杠、操纵杠和床身等组成。

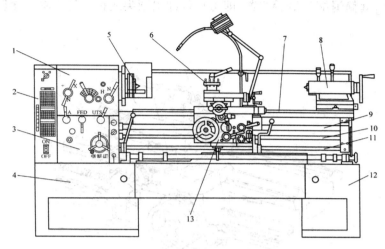

图 7-2　C6136 卧式车床外形图

1—主轴箱;2—挂轮箱;3—进给箱;4—左床腿;5—主轴;6—刀架;7—床身;8—尾座;9—丝杠;
10—光杠;11—操纵杠;12—右床腿;13—溜板箱

1)主轴箱　用以支撑主轴并使之按不同转速旋转,形成主运动。主轴为空心结构,前部有外锥面安装附件(如卡盘)来夹持工件,内锥面用来安装顶尖。通孔可穿入长棒料。为了使主轴获得多级不同的转速,主轴箱内安装了变速机构。通过变速手柄可在变速箱中变换不同转速,以满足不同材料的加工。

2)进给箱　用来传递进给运动。进给箱内有多组齿轮变速机构,通过手柄改变变速齿轮的位置,可使光杠或丝杠获得不同的转速,以得到加工所需的进给量或螺距。

3)溜板箱　溜板箱是进给运动的操纵机构,它使光杠或丝杠旋转运动,通过齿轮和齿条或丝杠和开合螺母推动车刀作进给运动。溜板箱上有三层滑板,当接通光杠时,可使床鞍带动中滑板、小滑板及刀架沿床身导轨作纵向移动;中滑板可带动小滑板及刀架沿床鞍上的导轨作横向移动。故刀架可作纵向或横向直线进给运动。当接通丝杠并闭合开合螺母时,可车削螺纹。溜板箱内设有互锁机构,使开合螺母和纵横操纵手柄两者不能同时使用。

4)刀架　刀架包括大滑板、中滑板、转盘、小滑板和方刀架,如图 7-3 所示。

①大滑板在纵向车削工件时使用。

②中滑板在横向车削工件和控制切削深度时使用。

③转盘与横刀架用螺栓紧固,松开螺母便可在水平面内扳转任意角度,用来车削较短的锥面。

④小刀架用来纵向车短工件或与转盘配合使用完成短锥面加工。

⑤方刀架(可转位)用来装夹刀具。

5)尾座　尾座体装在底座上,当尾座(底座)在床身导轨上移到某一所需位置后,便可通过压板和固定螺钉将其固定在床身上。尾座套筒上可以安装钻头和铰刀进行孔加工,松开套筒锁紧手柄,转动手轮带动丝杠,能使螺母及与它相连的套筒相对尾座体移动一定距离。也可安装顶尖支撑工件,松开固定螺钉,用调节螺钉调整顶尖的横向位置,完成较长锥度工件的加工。如将套筒退缩到最后位置,即可自行卸出顶尖或钻头等工具。尾座结构如图7-4所示。

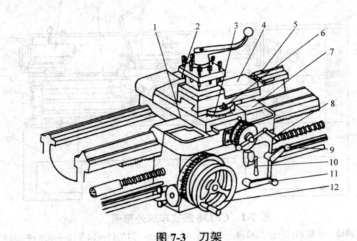

图 7-3 刀架

1-中滑板;2-方刀架;3-转盘;4-小滑板;5-小滑板手柄;6-转盘紧固螺钉;7-大滑板;8—中滑板手柄;9—开合螺母;
10—纵、横向自动走刀切换手柄;11—自动走刀手柄;12—大滑板手柄

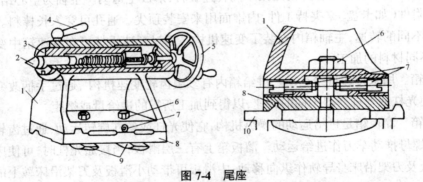

图 7-4 尾座

1—尾座体;2—顶尖;3—套筒;4—套筒缩紧手柄;5—手轮;6—锁紧螺母;
7—调节螺钉;8—底座;9—压板;10—床身导轨

6)光杠 把进给箱运动传给溜板箱。

7)丝杠 与溜板箱上的开合螺母配合用来车削螺纹。

8)操纵杠 与操纵手柄一起用来控制机床主轴正、反转与停车的装置。

9)床身 床身是车床上一切固定件(如主轴箱、进给箱)的支承体和一切移动件(如溜板箱、尾座)的承导体。床身上面有两组精确的导轨,分别用来承放溜板箱和尾座。溜板箱和尾座可以沿着各自的导轨移动,尾座能在所需要的位置上固定。床身安装在床脚上。床脚内分别安装变速箱、电气箱和冷却系统。床脚用地脚螺钉固定在地基上。主速箱用来完成主轴的变速。

7.2 车刀及车床附件

7.2.1 车刀的组成和种类

车刀由刀头（或刀片）和刀杆两部分组成。刀头是车刀的切削部分，刀杆是车刀的夹持部分。

由于车削加工的内容不同，所以必须采用不同种类的车刀。车刀按其用途和结构的不同，可分为弯头刀、偏刀、镗孔刀、切断刀、精车刀、成型刀、螺纹刀和滚花刀等，如图7-5所示

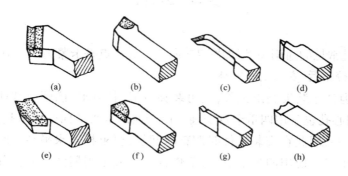

图7-5 常用的车刀类型

（a）45°外圆车刀；（b）左偏刀；（c）镗孔刀；（d）外螺纹车刀；（e）75°外圆车刀；（f）右偏刀；（g）切断刀；（h）成型车刀

车刀常用的材料主要有高速钢和硬质合金两种。

常用的结构形式有以下几种。

1）整体式　刀具的切削部分和夹持部分材料相同。

2）焊接式　将硬质合金刀片焊接在一般钢材制造的刀柄上。

3）机夹式　多边形硬质合金刀片采用机械方式夹固在刀柄上，当一个切削刃磨钝时，可将刀片转位一下，刀具又可使用了。按刀片类型又可分为机夹重磨式和机夹不重磨式两类。

7.2.2 常用的车床附件

工件形状、大小和加工批量不同，安装工件的方法及所用附件也不同。工件安装的主要要求是定位准确，装夹牢固，以保证加工质量和生产率。在普通车床上常用三爪卡盘、四爪卡盘、顶尖、心轴、花盘及弯板等附件安装工件。

1. 三爪卡盘

三爪卡盘是车床最常用的通用夹具，一般由专业厂家生产，作为车床附件配套供应，如图7-6所示。三爪卡盘的特点是在夹紧或松开工件时三个卡爪同时移动，所以装夹工件能自动定心、装夹方便，可省去许多校正工作。三爪卡盘夹紧力较小，仅适于夹持表面光滑的圆柱形或六角形工件，而不适于单独安装较沉重或形状复杂的工件。反三爪卡盘用以支持直径较大的工件。

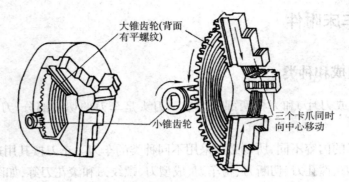

图 7-6 三爪卡盘

2. 四爪卡盘

四爪卡盘也是常见的通用夹具,如图 7-7 所示。其特点是卡紧力大,用途广泛。它虽不能自动定心,但通过校正后,安装精度较高。

四爪卡盘不但适于装夹圆形工件,还可装夹方形、长方形、椭圆或其他形状不规则的工件,在圆盘上车偏心孔也常用四爪卡盘安装。由于四爪卡盘的四个卡爪是独立移动的,互不相连,不能自动定心,因此在安装工件时调整时间长,要求技术水平高。所以四爪卡盘只适用于单件小批量生产。使用四爪卡盘时,工件找正一般是用划针盘或百分表按工件外圆表面或内孔表面进行,也常按预先在工件上的划线找正,如图 7-8 所示,找正精度可达0.02~0.05 mm。

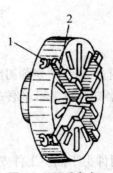

图 7-7 四爪卡盘
1-夹紧螺杆;2-卡爪

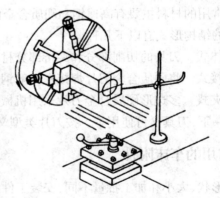

图 7-8 四爪卡盘找正

3. 花盘和弯板

花盘的结构如图 7-9 所示。加工复杂形状工件时,可用螺钉、压板、垫铁和弯板等将工件固定在花盘上。花盘端面上的 T 形槽用来放置压紧螺栓。

弯板多为 90° 铁块,两平面上开有槽形孔用于穿紧固螺钉。弯板用螺钉固定在花盘上,再将工件用螺钉固定在弯板上,如图 7-10 所示。弯板可装夹形状复杂且要求孔的轴线与安装面平行或要求两孔的轴线垂直的工件。

80

图 7-9 花盘
1—压板

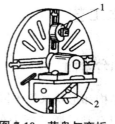

图 7-10 花盘与弯板
1—配重块;2—弯板

4. 顶尖安装

常用的顶尖有活顶尖和死顶尖两种,如图 7-11 所示。活顶尖结构复杂,旋转精度较低,多用于粗车和半精车。

5. 中心架和跟刀架

车细长轴(长度与直径之比大于 10)时,由于工件本身的刚性不足,为防止工件在切削力作用下产生弯曲变形而影响加工精度,常用附加的辅助支承——中心架或跟刀架,如图 7-12 所示。

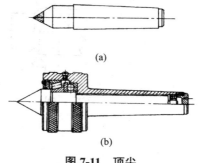

图 7-11 顶尖
（a）死顶尖;（b）活顶尖

中心架固定在车床导轨上,以其互成 120° 的三个支承爪支承在工件预先加工的外圆面上进行加工,但中心架被压紧在床身上,所以溜板箱不能越过它。因此加工长杆件时,需先加工一端,然后调头安装再加工另一端。

跟刀架是被固定在车床床鞍上使用的,它与刀具一起移动。使用时先在工件上靠后顶尖的一端车出一小段外圆,根据外圆尺寸调节跟刀架的两个支承,然后再车出全轴长。跟刀架主要用于车削细长的光轴。

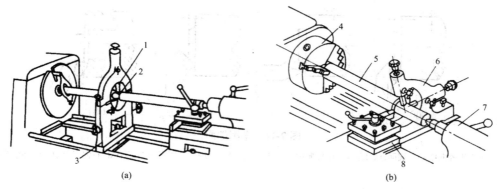

图 7-12 中心架和跟刀架
（a）中心架;（b）跟刀架

1—可调节支撑爪;2—预先车出外圆面;3—中心架;4—三爪卡盘;5—工件;6—跟刀架;7—尾座;8—刀架

7.3 车削基本工艺

7.3.1 车外圆和台阶面

根据工件的结构和形状采用不同的车刀进行加工,如图7-13所示。直头车刀用来加工无台阶的光滑轴和盘套类外圆。弯头车刀不仅用来车削外圆,还用来车端面和倒角。偏刀用于加工有台阶的外圆和细长轴。直头和弯头车刀的刀头部分强度好,一般用于粗加工和半精加工,而90°偏刀常用于精加工。

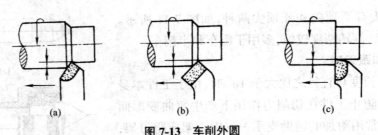

图7-13 车削外圆
(a)直头刀车外圆;(b)弯头刀车外圆;(c)90°偏刀车外圆

7.3.2 车端面

车削端面时采用右偏刀由外向中心车端面,但车到中心时,凸台突然车掉,因此刀头易损坏,切削深度大时,易扎刀;也可采用左偏刀由外向中心车端面,切削条件有所改善;或用弯头车刀由外向中心车端面,凸台逐渐车掉,切削条件较好,加工质量较高;精车端面时,可用右偏刀由中心向外进给,切削条件好,能提高端面的加工质量。关键是车削时刀尖必须与机床主轴旋转中心线等高,否则易造成崩刃,如图7-14所示。

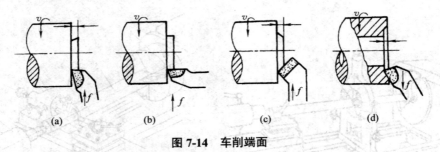

图7-14 车削端面
(a)右偏刀由外向中心车端面;(b)左偏刀由外向中心车端面;(c)弯头刀由外向中心车端面;(d)右偏刀由中心向外车端面

7.3.3 钻孔与镗孔

1.钻孔钻孔是在实体工件上加工出孔的工艺过程

在车床上钻孔大都用麻花钻头装在尾座套筒锥孔中进行。钻削时,工件旋转为主运动,钻头只作纵向进给运动。

钻孔时应先车平工件端面,以便于钻头定中心,防止钻偏。钻削时,切削速度不宜过大,以免钻头剧烈磨损,钻削过程中,应经常退出钻头排屑。钻削碳素钢时,应加切削液。孔将钻通时,应降低进给速度,以防折断钻头。孔钻通后,先退出钻头,然后停车。

2. 镗孔

镗孔是对铸孔、锻孔或已有的孔进行再加工的工艺,加工范围很广。镗削最大的特点是能较好地纠正原来孔的歪斜,如图 7-15 所示。

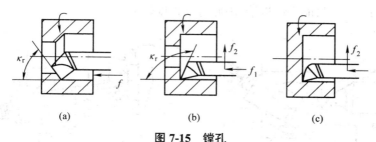

图 7-15 镗孔

(a)镗通孔;(b)镗阶梯孔;(c)镗盲孔

7.3.4 切槽与切断

在车床上可以切外槽、内槽和端面槽,切槽刀前端为主切削刃,两侧为副切削刃。切窄槽时,主切削刃宽度等于槽宽,在横向进刀中一次切出。切槽时要分几次切削才能完成。切断刀的刀头形状与切槽刀相似,但其主切削刃较窄,刀头较长,切槽与切断都是以横向进刀为主。

切槽时要注意主切削刃平行于工件轴线,刀尖与工件轴线等高。切断时刀尖必须严格对准工件中心,选择切削速度应低些,主轴和刀架各部分配合间隙要小,手动进给要均匀。快切断时,应放慢进给速度,以防刀头折断,如图 7-16 所示。

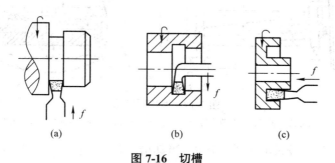

图 7-16 切槽

(a)切外槽;(b)切内槽;(c)切端面槽

7.3.5 车削锥面

车削圆锥面的方法有:宽刀法、转动小滑板法、偏移尾座法和靠模法。

1)宽刀法 用宽刀法加工圆锥面仅适用于车削较短的内外圆锥面。特点是加工迅速,能

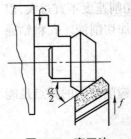

图 7-17 宽刀法

车削任意角度的圆锥面,但不能车削太长的圆锥面,并要求机床与工件系统有较好的刚性,如图 7-17 所示。

2)转动小滑板法 如图 7-18 所示,转动小滑板,使其导轨与主轴轴线成圆锥角 α 的一半,再紧固其转盘,摇进给手柄车出锥面。此法特点是调整方便,操作简单,加工质量较好,适于车削内外任意角度的圆锥面。车削的圆锥面长度比宽刀法长,但受小滑板行程长度的限制,且只能手动进给,因此劳动强度较大。

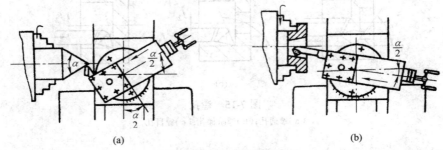

(a)   (b)

图 7-18 转动小滑板法
(a)车外锥面;(b)镗内锥孔

3)偏移尾座法 如图 7-19 所示,将工件置于前、后顶尖之间,调整尾座横向位置 $s=L \cdot \tan (\alpha/2)$,使工件轴线与纵向走刀方向成 α 角,自动纵向走刀便可车出圆锥面。这种方法能自动进给车削较长的圆锥面,但不能加工锥孔和锥角大的圆锥面(一般 $\alpha<8°$),且精确调整尾座偏移量较费时。

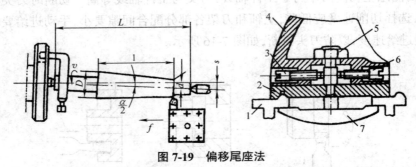

图 7-19 偏移尾座法
1—床身;2—底座;3—调节螺钉;4—尾座;5—紧固螺钉;6—调节螺钉;7—压板

4)靠模法 对于某些较长的内外圆锥面,当其精度要求较高且批量较大时采用靠模法。如图 7-20 所示,靠模板装置的底座固定在床身的后面,底座上装有锥度靠模板,它可绕中心轴旋转到与工件轴线成 α 角,靠模板上装有可自由滑动的滑板。车削圆锥面时,首先将中滑板上的丝杠与螺母脱开,把小刀架转过 90°,调整切削深度,并把中滑板与滑板用固定螺钉连接在一起。然后调整靠模板的角度,使其与工件锥面的斜角 α 相同。当床鞍板作纵向自动进给时,滑板就沿着靠模板滑动,从而使车刀的运动平行于靠模板,车出所需的圆锥面。该方法加工质量好,适于锥面较长工件的批量生产,但 α 角一般小于 12°。

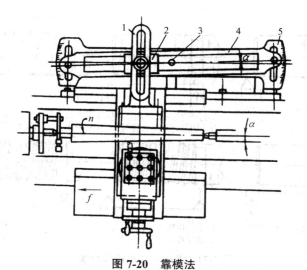

图 7-20 靠模法

1—连接板；2—滑头；3—销钉；4—靠模板；6—底座

7.3.6 车成形面法

在车床上加工成形面一般有 3 种方法,即手控走刀法、用成形刀车成形面、用靠模车成形面。

1)手控走刀法　操作者用双手操纵大滑板和中滑板或中滑板和小滑板手柄,使刀刃(尖)的运动轨迹与回转成形面的母线相符。此法加工成形面需要较高的技艺,工件成形后,还需进行挫修,生产率较低。

2)用成形刀车成形面　类似于宽刀法车锥面,要求刀刃形状与工件表面相吻合,装刀时刃口要与工件轴线等高,加工精度取决于刀具。由于车刀和工件接触面积大,容易引起振动,因此需采用小切削用量,只作横向进给,且要有良好润滑条件。使用这种方法操作方便,生产率高,且能获得精确的表面形状。但由于受工件表面形状和尺寸的限制,且刀具制造、刃磨较困难,因此只在成批生产较短成形面的零件时采用。

3)用靠模车成形面　车削成形面的原理和靠模法车削圆锥面相同。加工时,只要把滑板换成滚柱,把锥度靠模板换成带有所需曲线的靠模板即可,如图 7-20 所示。此法加工工件尺寸较大,可采用机动进给,生产率较高,加工精度较高,广泛用于批量生产中。

7.3.7 车削螺纹

螺纹按牙型分为三角螺纹、梯形螺纹、方牙螺纹等。车削螺纹时必须保证牙型角、螺距和中径三个基本参数符合要求。

车削螺纹时,车刀的刀尖角必须与螺纹牙型角 α(公制螺纹 $\alpha=60°$)相等,在车床上车削单头螺纹的实质就是使车刀的进给量等于工件的螺距。为保证螺距的精度,应使用丝杠与开合螺母的传动来完成刀架的进给运动。通过进给箱可实现车削右旋或左旋螺纹以及螺纹螺距的调整。

车螺纹要经过多次走刀才能完成。在多次走刀过程中,必须保证车刀每次都落入已切出的螺纹槽内,否则就会发生"乱扣"。多次走刀和退刀时,均不能打开开合螺母,否则将发生"乱扣",如图 7-21 所示。

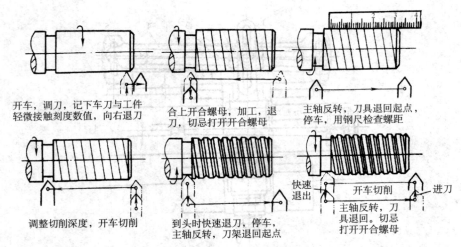

开车，调刀，记下车刀与工件
轻微接触刻度数值，向右退刀

合上开合螺母，加工，退
刀，切忌打开开合螺母

主轴反转，刀具退回起点，
停车，用钢尺检查螺距

调整切削深度，开车切削

到头时快速退刀，停车，
主轴反转，刀架退回起点

快速
退出

开车切削 → 进刀

主轴反转，刀
具退回。切忌
打开开合螺母

图 7-21 车削螺纹的操作步骤

7.3.8 滚花

滚花是使用特制滚花刀来挤压工件，使其表面产生塑性变形而形成花纹，如图 7-22 所示。花纹一般有直纹和网纹两种。滚花刀也分直纹滚花刀和网纹滚花刀。滚花前，应将滚花部分的直径车得比工件所要求尺寸小 0.15~0.8 mm，然后将滚花刀的表面与工件平行接触，且使滚花刀中心与工件中心等高。此外，滚花时工件转速要低，通常还需充分供给冷却液。

滚花刀头

图 7-22 滚花

7.4 车削工艺举例

以普通车床加工为例，其加工工序见表 7-1。

表 7-1 普通车床加工工序卡

工程训练中心	普通车床加工工艺卡	产品型号	零件号	零件名称	件数	第 1 页
		训练产品	CGXL-1	手锤柄	1 件	共 1 页
零件加工路线					零件规格	
车间 D-3	工序				材料	45 钢 18 圆棒
库房	下料				质量	0.251 kg
车工	去毛刺				毛坯料尺寸： 18 × 205	
车工	粗车					
车工	精车				零件技术要求	
车工	去毛刺				表面无毛刺	
检验室	检验					

200_{-1}^{0}

16

3

40

50

$Ra\,6.3$

M10

$\phi 8.5$

$\phi 12\pm 0.1$

$1.5\times 45°$

$1:10$

$\phi 16$

SR1.6

网状花纹

工程训练中心	普通车床加工工艺卡		产品型号	零件号	零件名称	件数	第1页
			训练产品	CGXL-1	手锤柄	1件	共1页
1	找正夹紧	普通车床 C6136	三爪卡盘、卡盘、刀架扳手等		夹持毛坯外圆伸出 3 mm 找正夹紧	3 min	
2	车端面		45° 弯头刀		车端面	4 min	
3	钻中心孔		尾架、钻卡头、2.5 mm 中心钻		钻端面中心孔	3 min	
4	找正夹紧		三爪卡盘、卡盘、刀架扳手等		夹持毛坯外圆伸出 60 mm,找正夹紧	5 min	
5	车外圆、滚花、车圆弧面		90° 外圆车刀、滚花刀		车外圆 $\phi16$ 至长 50,滚花至长 50,车端部 $R10$ 圆弧面	10 min	装夹带中心孔端
6	调头找正装夹		三爪卡盘、顶尖、卡盘扳手等		调头用卡盘装夹滚花部位,用顶尖顶住 2.5 mm 中心孔	5 min	
7	车外圆		90° 外圆车刀		车 M10×1.5 螺纹外圆至长度,车 $\phi12$ 外圆至长度,车长 40 mm 锥度 1:10 的锥面	20 min	
8	车退刀槽、倒角		切槽刀、45° 弯头刀		切 3 mm 宽退刀槽至深度,车 2.5×60° 倒角	5 min	
9	检验		0~150 mm 游标卡尺、0~25 mm 千分尺等			5 min	
编制		审核	批准		会签	编制日期	

第 8 章　铣削、刨削、磨削

除了车削加工以外，金属切削加工的方法还包括铣、刨、磨、插、拉、镗、钻等各种加工方法，最常见的就是铣削、刨削、磨削。不同的加工方法有不同的特点，在零件加工制造过程中，需根据零件待加工部位特点，综合考虑工艺、经济、效率等因素，选择合适的加工方法及设备，完成工件的加工制造。

8.1　铣削

在铣床上用铣刀对工件进行切削加工的过程称为铣削，其中铣刀的旋转运动是主运动，工件的直线、斜线或曲线运动是进给运行。铣削的加工范围很广，可用来加工各种平面、沟槽和成形表面，还可以进行分度工作，更换相应刀具还可以进行钻孔和镗孔加工，如图 8-1 所示。

铣削的加工精度一般为 IT10~IT7，表面结构参数值一般为 $Ra12.5\sim1.6\ \mu m$。

铣削加工的主要特点如下。

①生产率较高。铣刀是多齿刀具，铣刀刀齿同时参加切削，可以采用较大的切削用量，因此其生产率较高。在实际的工业生产环节，尤其是批量生产，铣削几乎已经替代了刨削。

②刀齿散热条件较好。铣刀刀齿较多，是间歇地进行切削，在刀齿和工件脱离后，可以得到一定的冷却时间，散热和冷却条件较好，刀具寿命较长。

③容易产生振动。由于铣削时，铣刀的多个刀齿不断地切入切出，会引起切削力和切削面积的快速变化，容易产生振动。因此，铣削过程不平稳。铣削过程的不平稳性，限制了铣削加工质量和生产率的进一步提高，这也是铣削研究的热点。

8.1.1　铣床

铣床种类很多，一般按布局形式和适用范围加以区分，主要有升降台铣床、龙门铣床、单臂铣床、仪表铣床、工具铣床等。升降台式铣床主要加工中小型工件，适用范围广，是最常见的铣床。根据刀具位置和工作台的结构，升降台铣床主要分为卧式（刀杆水平放置）铣床和立式（刀杆竖直放置）铣床两种。

1. 立式升降台铣床

立式升降台铣床简称立式铣床。其主轴与工作台面垂直。有时根据加工的需要，可以将立铣头（主轴）偏转一定的角度。X5032 中 X 表示机床种类的代号，是铣字大写拼音首位，表示铣床类机床；5 和 0 是组和系的类别，50 表示立式升降台铣床；32 表示主参数，为工作台面宽度的 1/10，即工作台面宽度为 320 mm。

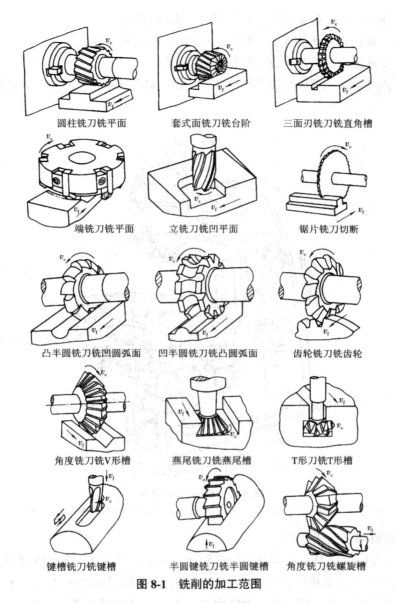

圆柱铣刀铣平面　　　　套式面铣刀铣台阶　　　三面刃铣刀铣直角槽

端铣刀铣平面　　　　立铣刀铣凹平面　　　　锯片铣刀切断

凸半圆铣刀铣凹圆弧面　凹半圆铣刀铣凸圆弧面　齿轮铣刀铣齿轮

角度铣刀铣V形槽　　　燕尾铣刀铣燕尾槽　　　T形刀铣T形槽

键槽铣刀铣键槽　　　半圆键铣刀铣半圆键槽　角度铣刀铣螺旋槽

图 8-1　铣削的加工范围

X5032 立式升降台铣床外形如图 8-2 所示,主要由床身、立铣头、主轴、工作台、升台降、底座组成。

1)电动机　将电能转化为机械能,为机床提供动力。

2)床身　固定和支承铣床各部件。

3)主轴转盘　支持立铣头旋转一定的角度。

4)立铣头　将主轴水平方向的转动输出转化为与主轴垂直平面内顺、逆 ±45° 范围内的转动输出。

5)主轴　主轴为空心轴,前端为精密锥孔,用于安装铣刀并带动铣刀旋转。

6)工作台　也叫纵向工作台,承载、装夹工件,可纵向移动。

7）横向工作台　可以带动工作台在升降台上做横向运动。

8）升降台　通过升降丝杠支承工作台，可以使工作台垂直移动。

9）底座　支承床身和升降台，底部可存储切削液。

立式铣床利用立铣刀或端面铣刀加工平面、台阶、斜面和键槽，还可加工内外圆弧、T形槽及凸轮等。

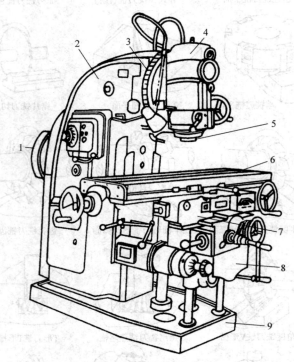

图 8-2　立式升降台铣床

1—电动机；2—床身；3—主轴转盘；4—立铣头；5—主轴；6—工作台；7—横向工作台；8—升降台；9—底座

2. 卧式万能升降台铣床

X6132 卧式万能铣床是一种常见的卧式铣床。X6132 中 X 表示机床种类的代号，是铣字大写拼音首位，表示铣床类机床；6 和 1 是组和系的类别，61 表示卧式万能铣床；32 表示主参数，为工作台面宽度的 1/10，即工作台面宽度为 320 mm。如图 8-3 所示，X6132 卧式铣床主要由床身、主轴、横梁、纵工向作台、转台、横向工作和升降台等部分组成。

卧式万能铣床的基本结构和立式升降台铣床大致相同，最主要的区别在于主轴方向，下面主要介绍其不同部位的作用。

1）主轴变速机构　主轴变速机构在床身内，使主轴有 18 种转速。

2）主轴　主轴是空心轴，前端有 7:24 的精密锥孔，用以安装铣刀刀杆并带动铣刀旋转。主轴空心孔可穿过拉杆将铣刀刀杆拉紧。

3）横梁　用于安装吊架，横梁可沿床身的水平导轨移动，以调整其伸出的长度。

4）刀杆　用于装夹、固定刀具。

5)刀杆吊架　支承刀杆外伸的一端,增强刀杆的刚性。

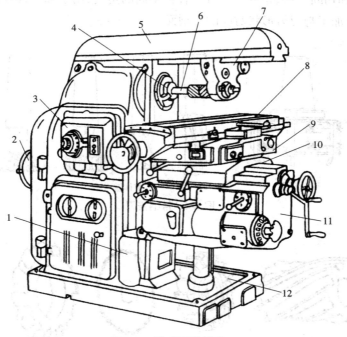

图 8-3　卧式万能铣床

1—床身;2—电动机;3—主轴变速机构;4—主轴;5—横梁;6—刀杆;
7—刀杆吊架;8—工作台;9—转台;10—纵向工作台;11—升降台;12—底座

6)转台　转台位于纵、横工作台之间,其作用是将纵向工作台在水平面内扳转一个角度 ±45°,以便铣削螺旋槽等。具有转台的卧式铣床称为卧式万能铣床。

8.1.2　铣刀

铣刀实质上是一种由几把单刃刀具组成的多刃刀具,其刀齿分布在圆柱铣刀的外圆柱表面或端铣刀的端面上。常用的铣刀刀齿材料有高速钢和硬质合金两种。铣刀的种类很多,按其安装方法可分为带柄铣刀和带孔铣刀两大类。

1. 带柄铣刀

常用的带柄铣刀分镶齿端铣刀和整体铣刀,如图 8-4 所示。其共同特点是均有供夹持用的刀柄。立铣刀有直柄和锥柄两种,一般直径较小的铣刀为直柄,直径较大的铣刀为锥柄。立铣刀多用于加工沟槽、小平面、台阶面等。键槽铣刀用于加工封闭式键槽。T 形槽铣刀用于加工 T 形槽。镶齿端铣刀用于加工较大的平面。

2. 带孔铣刀

常用的带孔铣刀有圆柱铣刀、三面刃铣刀、锯片铣刀、角度铣刀和圆弧铣刀,如图 8-5 所示。圆柱铣刀的刀齿分布在圆柱表面上,通常分为直齿和斜齿两种,主要用于铣平面。由于斜齿圆柱铣刀的每个刀齿是逐渐切入和切离工件的,故铣削过程较平稳,加工表面结构参数值较小,但有轴向切削力产生。圆盘铣刀主要用于加工不同宽度的沟槽及水平面、台阶面等,锯片铣刀用于铣窄槽和切断材料,角度铣刀具有各种不同的角度,用于加工各种角度的沟槽及斜面等,成型铣刀用于加工与刀刃形状对应的成型面。

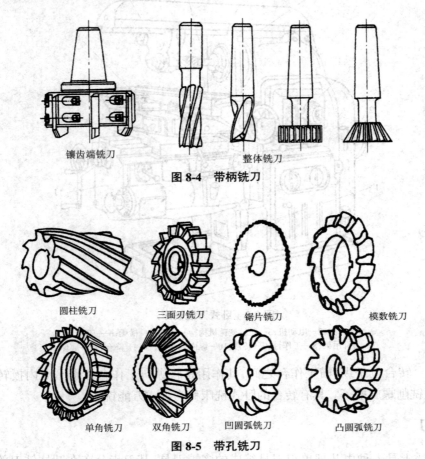

图 8-4　带柄铣刀

图 8-5　带孔铣刀

8.1.3　铣床附件

铣床的主要附件有平口虎钳、回转工转作台、分度头和万能铣头。其中前三种附件用于安装工件,万能铣头用于安装刀具。

1. 平口虎钳

平口虎钳是铣床常用附件之一,如图 8-6 所示,它有固定钳口和活动钳口,通过丝杠、螺母传动,调整钳口间距离,以装夹不同宽度的工件。

2. 回转工作台

回转工作台,又称转盘或圆工作台,如图 8-7 所示。其内部有蜗轮蜗杆机构。转动手轮通过蜗杆轴直接带动与转台相连接的蜗轮转动。转台周围有刻度,可用来确定转台位置。拧紧螺钉,转台即被固定。转台中央有一主轴孔,用它可方便地确定工件的回转中心。当底座上的槽和铣床工作台上的 T 形槽对齐后,即可用螺栓把回转工作台固定在铣床工作台上。

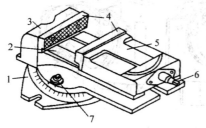

图 8-6　平口虎钳

1—底座；2—钳身；3—固定钳口；4—钳铁口；
5—活动钳口；6—螺杆；7—紧固螺钉

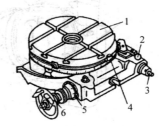

图 8-7　回转工作台

1—转台；2—离合器手柄；3—传动轴；
4—挡铁；5—偏心套；6—手轮

3. 分度头

在铣削加工中，常遇到铣多边形、齿轮、花键和刻线等工作，此时常用到万能分度头，如图 8-8 所示。这时，工件每铣过一个面或一个槽之后，需要转过一个等分的角度再铣削第二个面或槽，这种方法称为分度。分度头就是能对工件在水平、垂直和倾斜位置进行分度的附件。

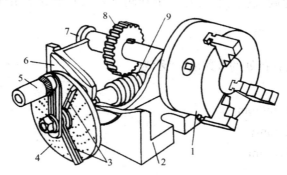

图 8-8　万能分度头

1—三爪卡盘；2—底座；3—扇形夹；4—分度盘；5—分度手柄；6—转动体；7—主轴；8—蜗轮；9—蜗杆

万能分度头的底座上装有回转体，分度头的主轴可随回转体在垂直平面内转动。主轴前端常装有三爪自定心卡盘或顶尖，用于装夹工件。分度时可转动分度手柄。分度头中蜗杆和蜗轮的传动比为 $1:40$ ，即当手柄通过一对直齿轮（传动比为 $1:1$ ）带动蜗杆转动一周时，蜗轮只能带动主轴转过 1/40 圈。通过这种换算关系，采用直接分度法、简单分度法、角度分度法和差动分度法等方法，使工件完成分度操作。

4. 万能铣头

万能铣头的壳体可绕铣床主轴轴线偏转任意角度。万能铣头主轴的壳体还能相对壳体偏转任意角度。因此，万能铣头主轴就能在空间偏转成所需的任意角度，在卧式铣床上使用，从而扩大了卧式铣床的加工范围。图 8-9 所示为万能铣头，其底座用四个螺栓固定在铣床的垂直导轨上。铣床主轴的运动通过铣头内的两对齿数相同的锥齿轮传到铣头主轴上，因此铣头主轴的转数级数与铣床的转数级数相同。

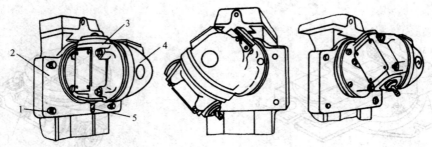

图 8-9 万能铣头

1—紧固螺钉;2—底座;3—铣头主轴壳体;4—壳体;5—铣刀

8.1.4 铣削加工基本方法

同样外形尺寸的工件可以通过不同的铣削方法去实现,不同的铣削方法对铣刀的耐用度、工件表面结构参数值、铣削平稳性和生产率的影响有很大不同。铣削时,应根据它们的各自特点,采用合理的铣削方法。

1. 铣削用量

铣削用量由铣削速度、进给量、背吃刀量和侧吃刀量四个要素组成。铣削用量如图 8-10 所示。

（1）铣削速度 V

铣削速度即为铣刀最大直径处的线速度,表示为

$$V=\pi dn/1\ 000$$

式中　　V——铣削速度,m/min;

　　　　d——铣刀直径,mm;

　　　　n——铣刀转速,r/min。

（2）进给量

铣削进给量是指刀具在进给运动方向上相对工件的位移。可用每齿进给量 f_z（mm/z）、每转进给量 f（mm/r）或每分钟进给量 v_f（mm/min）表示,表示为

$$v_f=f.n=f_z.n.z$$

式中　　z——铣刀齿数;

　　　　n——铣刀转速。

（3）背吃刀量

背吃刀量 a_p 为沿刀的轴线方向上测量的切削层尺寸。切削层是指工件上正被刀刃切削着的那层金属或者是已加工表面到待加工表面之间的距离。

（4）侧吃刀量 a_c

侧吃刀量 a_c 为垂直于铣刀轴线方向上测量的切削层尺寸。

2. 铣削方法

铣平面时可用周铣法或端铣法进行。

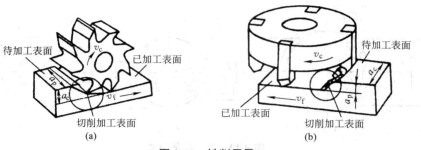

图 8-10　铣削用量

（a）周铣；（b）端铣

（1）周铣法

周铣法是在铣床上用铣刀周边齿刃铣削工件平面的方法。相较于端铣法，周铣法具有铣削范围大的优点。周铣法又分为逆铣与顺铣，如图 8-11 所示。

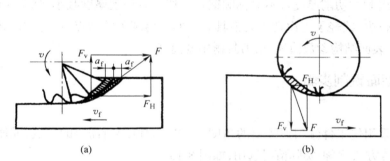

图 8-11　周铣法

（a）逆铣；（b）顺铣

①逆铣——在铣刀与工件已加工面的切点处，铣刀切削速度方向与工件进给方向相反的铣削。逆铣的优点是铣削过程较平稳；缺点是每个刀齿开始切入时与已加工表面都有一小段滑行挤压的过程，从而加速了刀具的磨损，增加了已加工表面的硬化程度。逆铣是常用的铣削方式。

②顺铣——在铣刀与工件已加工面的切点处，铣刀切削速度方向与工件进给方向相同的铣削。顺铣克服了逆铣存在每个刀齿开始切入时都有一小段滑行挤压过程的缺点，但顺铣时的水平分力可引起工作台在进给运动中产生窜动，因此采用顺铣时机床应有消除丝杠螺母间隙的机构。

（2）端铣法

端铣法是在铣床上用铣刀端面齿刃铣削工件平面的方法。相较于周铣法，端铣法具有振动小（刀杆刚性好）、切削平稳（同时进行切削的刀齿多）、耐用度高（便于镶装硬质合金刀片）、加工表面质量好（有修光刃）等优点。端铣法中又分为对称铣削、不对称逆铣和不对称顺铣，如图 8-12 所示。

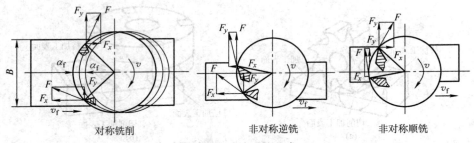

| 对称铣削 | 非对称逆铣 | 非对称顺铣 |

图 8-12　端铣法的分类

用端面铣刀加工平面时,按工件对铣刀的位置是否对称,分为对称铣、不对称顺铣和不对称逆铣,其切入边为逆铣,切出边为顺铣。对称铣指铣刀位于工件宽度的对称线上,切入和切出处,铣削厚度最小但又不为零;不对称顺铣以大的切削厚度切入工件,较小的切削厚度切出工件;不对称逆铣以小的切削厚度切入工件,较大的切削厚度切出工件;采用不对称铣削,可以调节切入和切出时的切削厚度。不对称顺铣具有切出时切削厚度减小,粘着在硬质合金刀片上的切屑材料较少,减轻了再次切入时刀具表面的剥落现象的特点;不对称逆铣切削平稳,冲击减少,使加工表面结构参数值改善,刀具耐用度提高。

8.1.5　常见型面铣削步骤

1. 铣斜面

铣斜面可采用使工件倾斜所需要的角度,或将铣刀倾斜所需要的角度,或使用角度铣刀,或使用分度头等方法,可视实际情况选用,如图 8-13 所示。

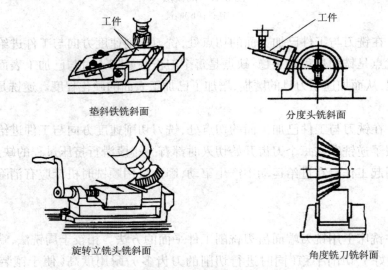

垫斜铁铣斜面　　　　　分度头铣斜面

旋转立铣头铣斜面　　　　角度铣刀铣斜面

图 8-13　斜面的几种铣削方法

2. 铣 T 形槽和燕尾槽

T 形槽应用很多,如铣床和刨床的工作台上用来安放紧固螺栓的槽就是 T 形槽。要加 T 形槽,首先用钳工划线,其次用立铣刀或三面刃铣刀铣出直槽,然后在立式铣床上用 T 形槽铣刀铣削 T 形槽。由于 T 形槽铣刀工作时排屑困难,因此切削用量应选得小些,同时应多加冷却液,最后,再用角度铣刀铣出倒角,如图 8-14 所示。燕尾槽在机械上的使用也较多,如车床导轨、牛头刨床导轨等。铣削燕尾槽时,首先是钳工划线,其次用立铣刀或三面刃铣刀铣出直槽,然后用燕尾槽铣刀铣出燕尾槽。铣削时燕尾槽铣刀刚度弱,容易折断,因此切削用量应选得小些,同时应多加冷却液,经常清除切屑,如图 8-15 所示。

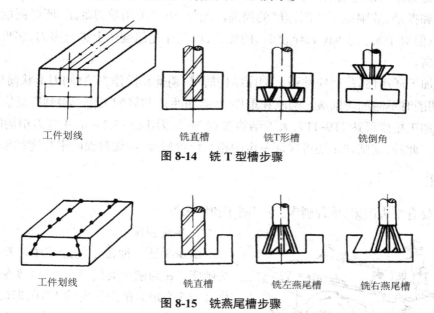

图 8-14 铣 T 型槽步骤

图 8-15 铣燕尾槽步骤

8.2 刨削

刨削是利用刨刀在刨床上对工件进行切削加工,是加工平面的主要方法之一。刨削主要用于加工各种平面(水平面、垂直面和斜面)、各种沟槽(T 直形槽、V 形槽、燕尾槽等)和成形面等,如图 8-16 所示。常用的刨床有牛头刨床、单臂刨床和龙门刨床、插床等。

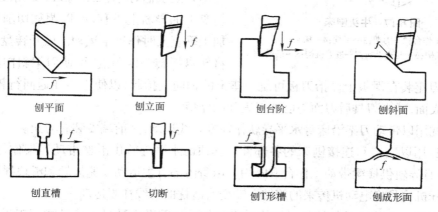

图 8-16 刨削的应用范围

刨削加工在牛头刨床或龙门刨床上进行。在牛头刨床上刨削时,主运动是刨刀的往复直线运动,进给运动为工件的间歇直线移动。在龙门刨床上刨削时,主运动是工件随工作台一起的往复直线运动,进给运动则是刀具的间歇直线移动。

刨削特点如下。

①刨削是断续切削过程,刨刀返回行程时不进行工作。刀具切入、切出时切削力有突变,将引起冲击和振动,故限制了刨削速度的提高。此外,由于采用单刀加工,所以刨削加工生产率一般较低;但对于狭长表面(如导轨面)的加工,以及在龙门刨床上进行多刀、多件加工其生产率有所提高。

②刨削加工通用性好、适应性强。刨床结构简单,调整和操作方便;刨刀形状简单,刃磨和安装方便;切削时不需加切削液。刨削在单件、小批量生产和修配工作中得到广泛应用。

③刨削加工精度可达 IT9~IT7,表面结构参数 Ra 值为 12.5~3.2 μm,用宽刀精刨时,Ra 值可达 1.6 μm。此外,刨削加工还可保证一定的相互位置精度,如面对面的平行度和垂直度等。

8.2.1 刨床

刨床主要有牛头刨床、单臂刨床、龙门刨床和插床等。

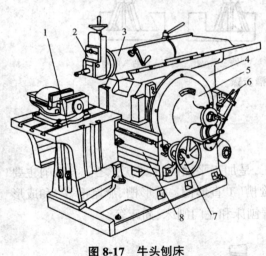

图 8-17 牛头刨床
1—工作台;2—刀架;3—滑枕;4—床身;
5—摆杆机构;6—变速手柄;7—进刀机构;8—横梁

1. 牛头刨床

B6065 是一种常用的加工中小型工件的牛头刨床。B 为刨床类代号,60 为牛头刨床的组系代号,65 为最大刨削长度的 1/10,即最大刨削长度为 650 mm。B6065 型牛头刨床的外形如图 8-17 所示。它主要由床身、滑枕、刀架、工作台等组成。

①工作台用以安装工件。

②刀架用以夹持刨刀。它主要由转盘、滑板、刀座、抬刀板和刀夹等组成,如图 8-18 所示。转动刀架手柄时,丝杠和螺母带动滑板及刨刀沿转盘上的导轨上下移动,以调整切削深度,或在加工垂直面时作进给运动。松开转盘上的螺母,将转盘扳转一定角度,可使刀架斜向进给,以加工斜面。刀座装在滑板上。抬刀板可绕刀座上的轴向上抬起,以使刨刀在返回行程时离开工件已加工表面,减少刀具后刀面与已加工表面的摩擦。

③滑枕用以带动刀架沿床身水平导轨作往复直线运动,其前端安装有刀架。

④床身用以支持和连接刨床的各部件。其顶面水平导轨供滑枕带动刀架作往复直线运动,侧面垂直导轨供横梁带动工作台升降用。床身内部有主运动变速齿轮和滑块摇臂机构。

⑥摆杆机构是将电动机传来的旋转运动变为滑枕的直线往复运动。

⑦进刀机构主要通过棘轮棘爪机构实现工作台的间歇自动进给运动或用于手动调整,带

动工作台水平移动。

⑧横梁主要用来带动工作台作上下的位置调整。此外,其上的导轨支撑工作台作水平移动和间歇性进给运动。

B6065型牛头刨床的传动系统如图8-19所示。牛头刨床的传动机构中最有特色的是滑块摇臂机构和棘轮棘爪机构。

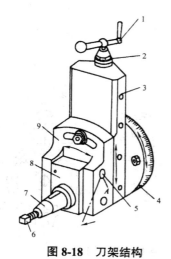

图 8-18　刀架结构

1—滑板进给手柄;2—刻度盘;3—滑板;4—转盘;
5—抬刀轴;6—紧固螺钉;7—刀夹;8—抬刀板;9—刀座

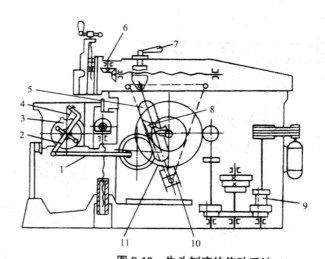

图 8-19　牛头刨床的传动系统

1—连杆;2—摇杆;3—棘轮;4—棘爪;5—摆杆;
6—行程位置调整方榫;7—滑枕锁紧手柄;8—滑块;
9—变速机构;10—摆杆下支点;11—摆杆机构

滑块摇臂机构的作用是将电动机传来的旋转运动变为滑枕的直线往复运动。摇臂机构的结构如图8-20所示。主要由摇臂齿轮、摇臂、滑块等组成。棘轮机构的作用是使工作台实现间歇的自动进给运动。棘轮机构的结构如图8-21所示。

2. 单臂刨床和龙门刨床

单臂刨床、龙门刨床与牛头刨床不同,其主要特点是加工时主运动为工件的直线往复运动,而刀具作间歇进给运动。单臂刨床和龙门刨床适用于刨削大型工件,工件长度可达几米、十几米、甚至几十米。也可在工作台上同时装若干个中小型工件,用几把刀具同时加工,故生产率较高。单臂刨床和龙门刨床特别适于加工各种水平面、垂直面及各种平面组合的导轨面、T形槽等。刨削时,工件安装在工作台上作直线往复运动。靠一套复杂的电气设备和线路系统实现工作台的运动,并且可实现无级变速。工作台向前运动时,使工件低速接近刨刀;刨刀切入工件后,工作台运动速度逐渐增加到规定的切削速度;在工件离开刨刀前,工作台运动速度减低,以防止切入时撞击刨刀和切出时损坏工件边缘。工作台快速返回时,由电磁机构将刨刀抬起。

3. 插床

插床的结构原理与牛头刨床类似,相当于一种立式刨床,只是在结构上略有区别。图8-22为B5032型插床的外形图。型号B5032中,B表示刨床类代号,50表示插床代号,32表示最大插削长度的1/10,即最大插削长度为320 mm。

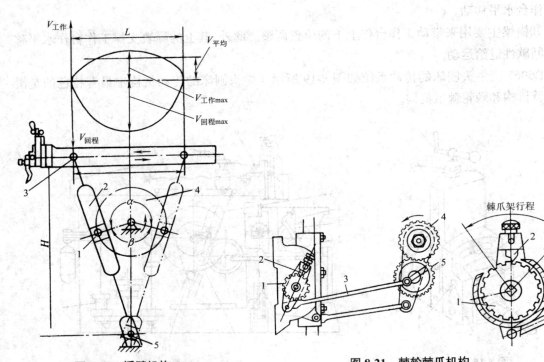

图 8-20　摇臂机构

1—滑块；2—摆杆；3—上支点；4—大齿轮；5—下支点

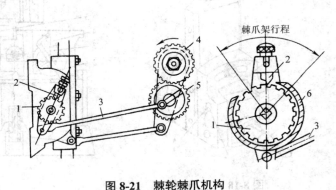

图 8-21　棘轮棘爪机构

1—棘轮；2—棘爪；3—连杆；4—齿轮；5—齿轮；6—棘轮护罩

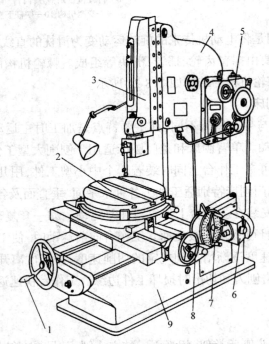

图 8-22　B5032 型插床外形图

1—工作台纵向移动手柄；2—工作台；3—滑枕；4—床身；5—变速箱；6—进给箱；
7—分度盘；8—工作台横向进给手柄；9—底座

插床的主运动是滑枕带动刀架在垂直方向上作往复直线运动,进给运动有工作台的横向、纵向和圆周间歇运动。插削是单刃切削,有空行程,工作中有冲击现象,切削用量较小,故生产率较低。插削一般用于工具车间、修配及单件小批生产车间。插削主要用于加工工件的内表面,如方形孔、长方形孔、各种多边形孔、键槽和花键孔等。特别适于加工盲孔和有障碍台阶的内表面。

8.2.2 刨刀

1. 刨刀的结构特点

刨刀的结构、几何形状与车刀相似,由于刨削加工不连续和有冲击现象,所以刀具容易损坏,因此,一般刨刀刀杆的截面面积比车刀大些,通常是后者的 1.25~1.5 倍。刨刀的前角比车刀小,刃倾角取较大的负值,以增加刀尖强度。此外,刨刀的刀头往往制成弯头,其目的是为了当刀具碰到工件表面上的硬点时,刀头能绕 O 点转动,使刀刃离开工件表面,以免扎入工件表面或损坏刀具,这是刨刀的一个显著特点。图 8-23 为弯头刨刀和直头刨刀变形时扎入工件表面比较的示意图。

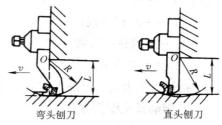

图 8-23 弯头和直头刨刀扎入工件示意图

2. 刨刀的种类及其应用

刨刀的形状和种类依加工表面形状不同而有所不同。常用刨刀及其应用如图 8-24 所示。平面刨刀用于加工水平面,偏刀用于加工垂直面或斜面,角度偏刀用于加工角度和燕尾槽,切刀用于切断或刨沟槽,内孔刀用于加工内孔表面(如内键槽),弯切刀用于加工 T 形槽及侧面上的槽,成形刀用于加工成形面。安装刨刀时刀头不要伸出太长,以免产生振动和折断。直头刨刀伸出长度一般为刀杆厚度的 1.5 倍,弯头刨刀伸出长度可稍长,以弯曲部分不碰刀座为宜。装刀或卸刀时,必须一只手扶住刨刀,另一只手使用扳手,用力方向自上而下,否则容易将抬刀板掀起,碰伤或夹伤手指。

刨平面 刨立面 刨斜面 刨直槽 刨T形槽

图 8-24 刨刀及其应用

8.2.3 刨削加工基础工艺

1. 刨削用量

刨削用量如图 8-25 所示。

(1)切削速度 V_c

指刨刀工作行程的平均速度,计算式为

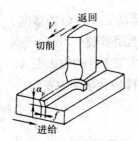

图 8-25　刨削用量

$$V = 2nL/1\,000$$

式中　V_c——切削速度，m/min；

　　　L——刨刀往复直线运动行程长度，mm；

　　　n——刨刀每分钟往复次数。一般 $V_c = 17{\sim}50$ m/min。

（2）进给量 f

指刨刀每往复一次工件在进给方向上所移动的距离，单位为 mm。

进给量的计算式为：

$$f = T \times k/z$$

式中　k——刨刀每往复一次时棘爪拨过棘轮的齿数；

　　　T——丝杠导程；

　　　z——棘轮的齿数。

（3）背吃刀量 α_p

指待加工表面与已加工表面间的垂直距离，单位为 mm。

2. 刨削常见型面方法

（1）刨削水平面

刨削水平面的方法如图 8-24 所示。刨削水平面的顺序如下。

①安装刀具和工件。

②调整工作台的高度，使工件接近刀具。

③调整滑枕的行程长度和起始位置。

④根据工件材料、形状、尺寸等要求，合理选择切削用量。

⑤先用手动试切。进给 0.5~1 mm 后停车，测量尺寸，根据测得结果调整切削深度，再自动进给进行刨削。当工件加工精度要求较高时，应先粗刨，再精刨。精刨时，切削深度和进给量应小些，切削速度适当高些。此外，刨刀返回行程时，掀起刀座上的抬刀板，使刀具离开已加工表面，防止刨刀与工件表面相磨。刨削时，一般不使用切削液。

⑥工件刨削完工后，停车检验。尺寸合格后方可卸下工件。

（2）刨削垂直面和斜面

刨削垂直面的方法如图 8-24 所示。此时采用偏刀，并使刀具的伸出长度大于整个刨削面的高度。刀架转盘应对准零线，使刨刀沿垂直方向移动。刀座必须偏转一定角度，使刨刀在返回行程时离开工件表面，减少刀具的磨损，避免划伤工件已加工表面。刨斜面与刨垂直面基本相同，只是刀架需扳转一定角度，使刨刀沿斜面方向移动。

（3）刨削沟槽

刨直槽时，用切槽刀以垂直进给完成，如图 8-24 所示。刨 V 形槽的方法如图 8-26 所示。先按刨平面的方法把 V 形槽粗刨出大致形状；然后用切槽刀刨 V 形槽底的直角槽，再按刨斜面的方法用偏刀刨 V 形槽的两斜面；最后用样板刀进行精刨至图样要求的尺寸精度和表面结构要求。

刨 T 形槽时，先用切槽刀以垂直进给方式刨出直槽，然后用左、右两把弯刀分别刨出两侧凹槽，最后用 45° 刨刀倒角，如图 8-24 所示。

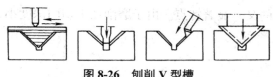

图 8-26 刨削 V 型槽

刨燕尾槽与刨 T 形槽相似,但刨侧面时需用角度偏刀,刀架转盘要扳转一定角度,如图 8-27 所示。

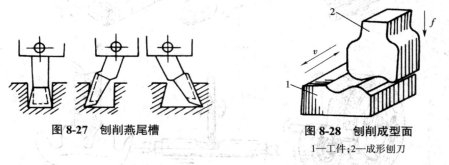

图 8-27 刨削燕尾槽

图 8-28 刨削成型面
1—工件;2—成形刨刀

刨削成形面时是先在工件的侧面划线,然后根据划线分别移动刨刀作垂直进给运动或移动工作台作水平进给运动,从而加工出成形面。也可用成形刨刀加工,使刨刀刃口的形状与工件表面一致,一次成形,但加工宽度不宜过宽,如图 8-28 所示。

8.3　磨削

磨削是在磨床上使用砂轮作为切削刀具,对工件表面进行切削加工,是机械零件精密加工的主要方法之一。磨削时,砂轮的旋转运动为主运动,进给运动一般有三个,如外圆磨削时的进给运动有砂轮沿径向切入工件的横向进给运动、工件旋转的圆周进给运动、工件作轴向移动的纵向进给运动。磨削加工的方式很多,可用不同类型的磨床,分别加工内外圆柱面、内外圆锥面、平面、成形表面(如花键、齿轮、螺纹等)及刃磨各种刀具等。常见的磨削加工形式如图 8-29 所示。

磨削加工的特点如下。

由于砂轮硬度极高,故磨削不仅可加工一般金属材料(如碳钢、铸铁及一些有色金属),还可加工硬度很高的材料(如淬火钢、各种切削刀具及硬质合金等)。这些材料用金属刀具是很难加工甚至不能加工的。这是磨削加工的一个显著特点。

磨削过程中,由于切削速度很高,会产生大量切削热,温度可达 1 000 ℃以上。同时,高温的磨屑在空气中发生氧化作用,产生火花。在如此高温下,将使工件材料性能改变而影响质量。因此,为减少摩擦和迅速散热,降低磨削温度,及时冲走屑末,保证工件表面质量,磨削时需使用大量切削液。

磨削加工的尺寸精度和表面结构要求都很高。尺寸精度可达 IT6~IT5,表面结构参数 Ra 值不大于 0.8~0.2 μm。高精度磨削时,尺寸精度可超过 IT5,表面结构参数 Ra 值不大于

0.012 μm,这是磨削加工的又一显著特点。由于磨削加工切削深度小,所以在工件磨削之前应完成半精加工,以提高生产率。

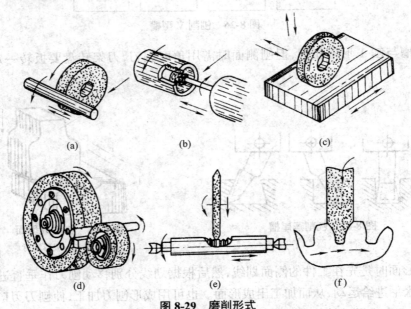

图 8-29 磨削形式

(a)外圆磨削;(b)内圆磨削;(c)平面磨削;(d)无心磨削;(e)螺纹磨削;(f)齿轮磨削

8.3.1 磨床

磨削加工使用的机床为磨床。磨床种类很多,常用的有外圆磨床、内圆磨床、平面磨床、无心磨床和工具磨床等。

1. 外圆磨床

常用的外圆磨床分为普通外圆磨床和万能外圆磨床。在普通外圆磨床上可磨削工件的外圆柱面和外圆锥面;在万能外圆磨床上除可磨削外圆柱面和外圆锥面外,还可磨削内圆柱面、内圆锥面及端平面。M1432A 型万能外圆磨床型号中, M 表示磨床类代号;14 表示万能外圆磨床;32 表示最大磨削直径的 1/10,即最大磨削直径 320 mm;A 表示在性能和结构上作过一次重大改进。

M1432A 万能外圆磨床的外形如图 8-30 所示,它由床身、工作台、头架、尾架、砂轮架和内圆磨头等部分组成。

①床身——用来安装各部件,上部装有工作台和砂轮架,内部装有液压传动系统。床身上的纵向导轨供工作台移动,横向导轨供砂轮架移动。

②工作台——由液压传动沿床身上纵向导轨作直线往复运动,使工件实现纵向进给。在工作台前侧面的 T 形槽内。装有两个行程换向挡块,用以操纵工作台自动换向。工作台也可手动。工作台分上下两层,上层工作台能相对下层工作台作一定角度 ±8° 的回转调整,以便磨削圆锥面。

③头架——头架上有主轴,主轴端部可安装顶尖、拨盘或卡盘,以便装夹工件并带动其旋转。主轴由单独电动机通过带传动的变速机构带动旋转,使工件可获得不同的转动速度。头架可在水平面内偏转一定角度。

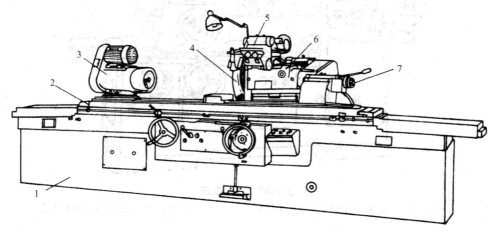

图 8-30　万能外圆磨床
1—床身;2—工作台;3—头架;4—砂轮;5—内圆磨头;6—砂轮架;7—尾架

④尾架——尾架的套筒内有顶尖,用来支承工件的另一端。尾架在工作台上的位置可根据工件的不同长度调整。尾架可在工作台上纵向移动,扳动尾架上的杠杆,顶尖套筒可伸出或缩进,以便装卸工件。

⑤砂轮架——用来安装砂轮,由单独电动机通过带传动带动砂轮高速旋转。砂轮架既可在床身后部的导轨上作横向移动,移动方式既可自动间歇进给,也可手动进给,或快速进给和退出。砂轮架还可绕垂直轴旋转某一角度。

⑥内圆磨头——内圆磨头用于磨削内圆表面。其主轴可安装内圆磨削砂轮,由另一电动机带动。内圆磨头可绕支架旋转,用时翻下,不用时翻向砂轮架上方。

2. 内圆磨床

内圆磨床主要用于磨削内圆柱面、内圆锥面、端面等。内圆磨床由床身、工作台、床头、磨具架、砂轮修整器、砂轮及操纵手轮等组成,如图 8-31 所示。内圆磨床亦用液压传动,其传动原理与外圆磨床相似。加工时,工件安装在卡盘内,砂轮与工件按相反方向旋转,同时砂轮沿轴线方向做直线往复运动。砂轮每往复一次,做横向切深进给一次。

3. 平面磨床

平面磨床主要用于磨削工件上的平面。平面磨床主要由床身、工作台、立柱、磨头及砂轮修整器等组成,如图 8-32 所示。长方形工作台装在床身的导轨上,由液压驱动作往复运动,也可用手轮操纵,以进行必要的调整。工作台上装有电磁吸盘或其他夹具用来装夹工件。

磨削时,磨头沿拖板的水平导轨作横向进给运动,也可由液压驱动或由手轮操纵。拖板可沿立柱的导轨垂直移动,以调整磨头的高低位置来完成垂直进给运动,该运动也可通过操纵手轮实现。工作台的纵向进给由液压系统完成。砂轮由装在磨头壳体的电动机直接驱动旋转。

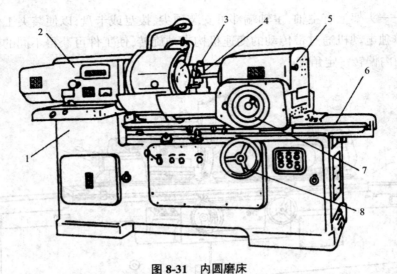

图 8-31 内圆磨床

1—床身;2—床头;3—砂轮修整器;4—砂轮;5—磨具架;6—工作台;7—磨具架手轮;8—操纵手轮

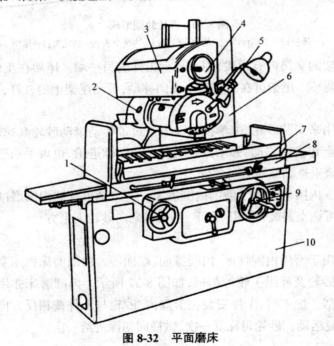

图 8-32 平面磨床

1—工作台纵向移动手轮;2—磨头;3—拖板;4—横向进给手轮;5—砂轮修整器;6—立柱;
7—行程挡块;8—工作台;9—垂直进给手轮;10—床身

8.3.2 砂轮

　　磨削用的砂轮是用磨粒由结合剂黏合而成的疏松多孔体。将砂轮表面放大,可见其上布满杂乱的很多尖角形多角颗粒(磨粒),如图 8-33 所示。磨粒、结合剂和空隙构成砂轮三要素。当砂轮高速旋转时,每个砂粒就如同一把刀具,因此磨削过程就是一种多刀的超高速切削过程。在磨削过程中，一些凸的锋利的砂粒切入工件表面，对工件表面进行切削，一些凸的较小的砂粒在工件表面上一划而过，切除不掉材料，只是在工件表面上留下一条划痕，还有一些钝头砂粒会在工件表面上压过去。故磨削的实质是砂轮砂粒对工件的切削、刻线和划擦三个过程综合作用的结果。

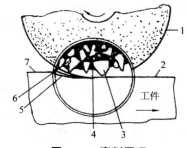

图 8-33　磨削原理
1—砂轮；2—已加工表面；3—磨粒；4—结合剂；
5—切削表面；6—空隙；7—待加工表面

砂轮特性主要包括磨料、粒度、硬度、结合剂、形状和尺寸等。

磨料直接担负切削工作，它必须锋利和坚韧。常用的磨料有刚玉类和碳化硅类。刚玉类磨料按颜色又可分为棕褐色的棕刚玉（适于加工碳钢、合金钢、可锻铸铁、硬青铜）和白色的白刚玉（适于加工淬火钢、高速钢、高碳钢）。碳化硅类磨料按颜色分黑碳化硅磨料（适于加工铸铁、黄铜、耐火材料、金非属材料）和绿碳化硅磨料（适于加工硬质合金、宝石、陶瓷、玻璃等）。

磨料颗粒的大小用粒度表示。粒度号数愈大，颗粒尺寸愈小。粗颗粒（粒度号数小）于用粗加工及磨软料；细颗粒（粒度号数大）则用于精加工。

结合剂是砂轮中黏结分散的磨粒使之成型的材料。砂轮能否耐腐蚀、耐冲击，保证高速旋转而不破裂，主要取决于结合剂。常用的结合剂有陶瓷结合剂（代号 V）、树脂结合剂（代号 B）、橡胶结合剂（代号 R），其中最常用的是陶瓷结合剂。

硬度是指砂轮上磨料在外力作用下脱落的难易程度。磨粒易脱落，表明砂轮硬度低；反之，则表明砂轮硬度高。磨削过程中，磨粒的棱角磨钝后，因切削力的作用，往往自行破碎或脱落而露出新的锋利磨粒，这种自动推陈出新现象称为砂轮的自锐性。砂轮硬度应根据加工条件合理选择。砂轮太软，磨粒尚未磨钝就脱落下来，使砂轮损耗快，寿命短，易失去正确形状，且生产率低；砂轮太硬，磨粒已钝或砂轮表面被切屑堵塞，磨粒仍不脱落，将使砂轮切削能力下降，生产率降低，且因摩擦力增加，使工件表面发热产生烧伤现象甚至引起振动，影响工件精度及表面结构要求。

根据机床结构与磨削加工的需要，砂轮可制成各种形状和尺寸。为方便选用，在砂轮的非工作表面上印有磨料、粒度、硬度、结合剂、形状的代号及外径、厚度、孔径尺寸等。

由于砂轮是在高速旋转状态下工作，安装前需经外观检查，不应有裂纹，并应经过平衡试验。由于砂轮硬度不均匀及磨粒工作条件不同，使砂轮工作表面磨损不匀，其正确的几何形状被破坏。这时可采用金刚石专用刀具对砂轮工作表面进行修整，将砂轮表面一层变钝的磨粒切去，以恢复砂轮的切削能力和正确的几何形状。

8.3.3　磨削加工基础

1. 磨削用量

磨削用量是指磨削速度、工件速度、纵向进给量和横向进给量。磨削圆外时，磨削速度 V 是砂轮外圆的线速度。工件速度 V_w（又称圆周进给量）是工件外圆的线速度。纵向进给量 f_a（mm/r）是工件每转一周相对于砂轮沿铀线方向移动的距离，其值小于砂轮宽度 B。横向进给量(也称径向进给量 f)是工作台一次往复行程内砂轮相对工件横向(或称径向)移动的距离,或称磨削背吃刀量,可参考之前的铣削用量进行理解。

2. 磨削方法

(1)外圆磨削

外圆磨削是对工件圆柱、圆锥、台阶轴外表面和旋转体外曲面进行的磨削。磨削一般作为外圆车削后的精加工工序,尤其是能消除淬火等热处理后的氧化层和微小变形。

外圆磨削常在外圆磨床和万能外圆磨床上进行,也可在无心外圆磨床上进行。外圆磨削常采用以下三种方法。

①纵磨法

磨削时,砂轮高速旋转为主运动,工件旋转为圆周进给,磨床工作台作往复直线运动为纵向进给。每当工件一次往复行程结束时,砂轮作周期性的横向进给运动。每次的磨削吃刀量很小,磨削余量是在多次往复行程中磨去的,如图 8-34 所示。

纵磨法的磨削力小,磨削热少,散热条件好;砂轮沿进给方向的后半宽度,等于是副偏角为零度的修光刃,光磨次数多。所以工件的精度高,表面结构参数值小。纵磨法还可用一个砂轮磨削各种不同长度的工件,适应性强。因此,广泛用于单件小批生产,特别适用于细长轴的精磨。

②横磨法

横磨法也称切入磨法,是指工件不作纵向往复运动,而是砂轮作慢速的横向进给,直到磨去全部的磨削余量。因加工时砂轮宽度上的全部磨粒都参加了磨削,所以生产率高,适用于加工批量大、刚度好的工件,尤其适用于成形磨削。如图 8-35 所示。

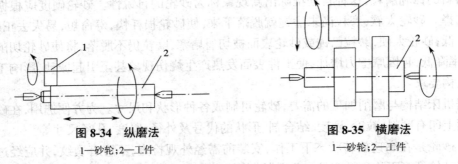

图 8-34 纵磨法
1—砂轮;2—工件

图 8-35 横磨法
1—砂轮;2—工件

由于横磨法的工件无纵向移动,砂轮的外形直接影响了工件的精度。同时,由于磨削力大,磨削温度高,工件易发生变形和烧伤,加工的精度和表面质量比纵磨法要差。

③综合磨法

先用横磨法将工件表面分段进行粗磨,相邻两端 5~10 mm 的搭接,工件上留下 0.01~0.03 mm 的余量,然后用纵磨法进行精磨。此法综合了横磨法和纵磨法的优点,生产率比纵磨法高,精度和表面质量比横磨法高。

(2)内圆磨削

内圆磨削是内孔的精加工方法,可以加工零件上的通孔、盲孔、台阶孔和端面等,还能加工淬硬的工件,因此在机械加工中得到广泛的应用。内圆磨削的尺寸精度可以达到 IT6~IT7 级,

表面结构参数值 Ra 值为 0.8~0.2 μm。

内圆磨削与外圆磨削比较有以下特点。

①内圆磨削时所用砂轮直径小,砂轮转速又受到内圆磨具转速的限制(目前一般内圆磨具的转速在 10 000~20 000 r/min),因此磨削速度一般在 20~30 m/s。由于磨削速度较低,磨削表面结构参数值不易降低。

②内圆磨削时,由于砂轮与工件成内切圆接触,砂轮与工件的接触圆弧比外圆磨削大,因此,磨削热与磨削力都比较大,磨粒易磨钝,工件容易发热或烧伤。

③内圆磨削时切削液不易进入磨削区域,磨屑也不易排出,当磨屑在工件内孔中积聚时,容易造成砂轮堵塞,影响工件的表面质量。特别是磨削铸铁等脆性材料时,磨屑与切削液混合成糊状,更容易使砂轮堵塞,影响砂轮的磨削性能。

④砂轮接长轴的刚性比较差,容易产生弯曲变形和振动,对加工精度和表面结构参数值都有很大的影响,同时也限制了磨削用量的提高。

内圆磨削方式有三种:一是中心内圆磨削,工件和砂轮均作回转运动,如图 8-29(b)所示;二是行星内圆磨削,工件不回转,砂轮作行星运动,适应于加工较大的孔;三是无心内圆磨削。内圆磨削和外圆磨削基本相同,也有纵磨法和横磨法之分,前者应用比较广泛。

(3)平面磨削

平面磨削是对工件上的各种平面进行磨削加工。平面磨削还可以同时磨削双端面,或用成形砂轮磨削波形面、齿条,还可以磨削导轨面等。工件多用电磁吸盘安装在工作台上或用专门夹具夹持,大型工件以夹压方式安装在工作台上,见图 8-29(c)所示。

平面磨削主要有两种方法:其中用回转砂轮周边磨削,也称周磨,用回转砂轮端面磨削,称为端磨。磨削时工件随工作台作直线往复运动,或随工作台作圆周运动,磨头作间歇进给运动。

卧式平面磨床的砂轮主轴轴线与工作台台面平行,立轴平面磨床的砂轮主轴与工作台台面垂直,工件安装在电磁吸盘上。矩台磨床工作台作纵向往复直线运动,砂轮在高速旋转的同时作间歇横向进给运动;圆台磨床工作台作单向匀速旋转运动,砂轮除高速旋转外,还在圆台外缘和中心之间作往复运动。

磨削加工的种类很多,除上述外还有工具磨床磨削、曲轴磨床磨削和凸轮轴磨床磨削等。

8.4 机床的维护保养

根据各种机床说明书的要求,每天定点对需要润滑的各运动部位加注润滑油。机床启动后,检查其床身上各油窗的正常出油和油表位置。定期加油和更换润滑油。润滑油泵和油路发生故障要及时维修。开机前必须将导轨、丝杠等部件的表面进行清洁并加上润滑油;工作时,不要把夹具、量具放置在导轨或工作面上;工作结束后,一定要清除铁屑和油污,擦干净机床,并在各运动部位加油,防止生锈。合理选用切削用量、切削刀具和切削方法,正确使用各种工量夹具,熟悉机床性能和操作规程。正确、合理地使用机床,不能超负荷工作,工件和夹具的质量不能超过机床的最大承载质量。

第9章 钳工

钳工是使用手持工具和一些机动工具(如钻床、砂轮机等)对工件进行加工或对部件、整机进行装配的工种。其中大部分工作由手工操作完成,故钳工的技术要求高,劳动强度大。钳工基本操作包括划线、錾削、锯削、锉削、钻孔、扩孔、锪孔、铰孔、攻螺纹、套螺纹、刮削、研磨、装配等。钳工是重要的工种之一,常用的设备包括钳工工作台、台虎钳、砂轮机等,但其可完成的加工有些是机械加工所不能替代的,因此在机械制造与修理业中起着十分重要的作用。

9.1 钳工加工

9.1.1 划线

根据图样的要求,在毛坯或工件上划出加工界线的操作称为划线。划线的正确与否关系到加工的质量和生产效率。划线不仅能明确表示零件的尺寸界线和几何形状,还能对毛坯进行检查,剔除有残缺的毛坯件,避免造成加工后的损失;当毛坯的误差或残缺不大时,利用划线的借料或加工余量的分配予以补救,减少废品的产生。

1. 划线的作用及种类

(1)划线的作用

①确定毛坯上各孔、槽、凸缘、表面等加工部位的相对坐标位置和加工面的界线,作为安装、调整和切削加工的依据。

②在生产批量不大时,通过划线及时发现和处理不合格的毛坯,避免造成浪费。

③通过划线合理分配加工表面的余量。

④在板料上划线下料,可达到合理使用材料的目的。

(2)划线的种类

划线分为平面划线和立体划线。

①平面划线:所划的线均位于同一平面内,如图9-1所示。平面划线较简单,是划线的基础。

②立体划线:在工件或毛坯的几个相互垂直或倾斜的平面上划线,即在长、宽、高三个方向上划线,如图9-2所示。立体划线是平面划线的综合应用。

2. 划线工具及应用

划线工具按用途分为基准工具、支承工具、划线工具三类。

(1)基准工具

划线平台是划线的基准工具,其上放置划线平板如图9-3所示。划线平板用铸铁制成,并经时效处理,因其表面是划线的基准平面,故要求非常平整光洁,通常经精刨或刮削。划线平板在使用时严禁撞击和用锤敲击,并保持清洁,以免精度降低,用后应擦防锈油加以保护。

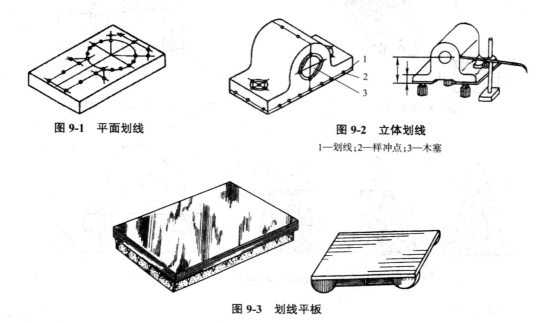

图 9-1 平面划线

图 9-2 立体划线
1—划线;2—样冲点;3—木塞

图 9-3 划线平板

（2）支承工具

①划线方箱是用灰铸铁制成的空心立方体,其尺寸精度及平面间的平行度、垂直度等均较高。方箱通常带有 V 形槽并附有夹持装置,用于夹持尺寸较小而加工面较多的工件。通过翻转方箱,能在工件表面划出相互垂直的线,如图 9-4 所示。

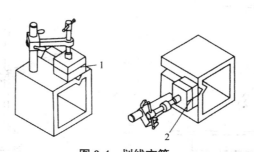

图 9-4 划线方箱
1-划水平线;2-翻转方箱划线

②V 形铁通常是两块 V 形铁（ V 形有 90° 和 120° 之分）为一组,用以支承轴套类等圆形工件,如图 9-5 所示。

③直角铁（弯板）由灰铸铁制成,它由两个经过精加工的互相垂直的平面组成。其上的孔或槽用于固定工件时穿压板螺钉,如图 9-6 所示。

④千斤顶用于支承较大的或形状不规则的工件,由底座,螺杆和锥头组成。通常三个千斤顶为一组,其高度可以调整,便于找正,如图 9-7 所示。

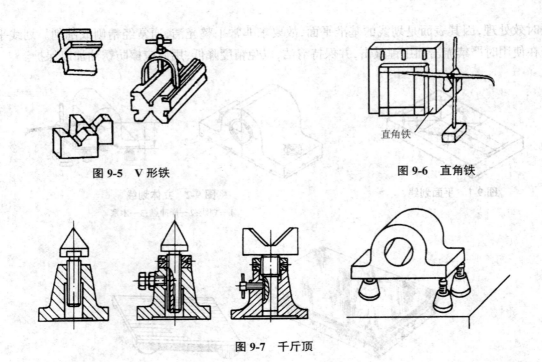

图 9-5　V 形铁

图 9-6　直角铁

直角铁

图 9-7　千斤顶

（3）划线工具

①划针是在工件上划线的基本工具。最简单的划针是用直径为 3~4 mm 的弹簧钢丝或高速钢制作,将端头磨尖即可,如图 9-8 所示。

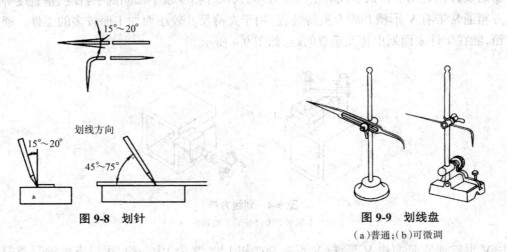

15°~20°

划线方向

15°~20°

45°~75°

图 9-8　划针

图 9-9　划线盘

（a）普通;（b）可微调

②划线盘是在工件上进行立体划线和找正工件位置的常用工具,由划针和底盘组成,分普通划线盘和可微调划线盘两种,如图 9-9 所示。调节划针到一定的高度,并在平板上移动划线盘,即可在工件上划出与平板平行的线,如图 9-10 所示。

③划规及划卡。如图 9-11 所示,划规工具钢制成,尖端淬硬,是平面划线的常用工具,主要用于划圆、圆弧和等分线段、量取尺寸等;划卡又称单脚规,如图 9-12 所示,用于确定轴及孔的中心位置。

112

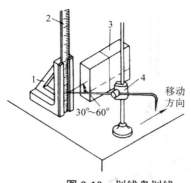

图 9-10 划线盘划线

1—高度尺架;2—直尺;3—工件;4—划线盘

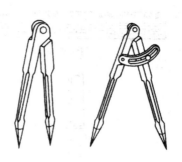

图 9-11 划规

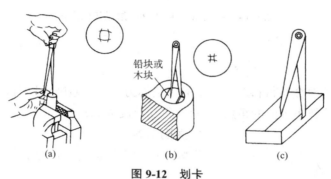

图 9-12 划卡

（a）定轴心;（b）定孔心;（c）划平行线

④样冲由工具钢制成,尖端淬硬,磨成 30° 尖角。样冲用来在工件所划的线及线交叉点上打出样冲眼,以便于当所划的线模糊后仍能找到原线及交点位置,如图 9-13 所示。

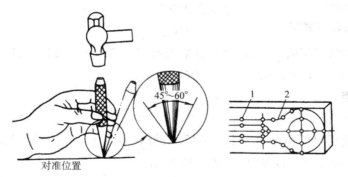

图 9-13 样冲及使用

1—样冲眼;2—划线

⑤高度游标卡尺、90° 角尺和钢板尺。如图 9-14 所示,高度游标卡尺是高度尺和划线盘的组合,属精密量具,用于测量高度或半成品划线。不允许在毛坯上划线,以防损坏划线爪。

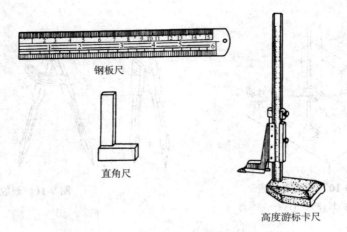

图 9-14　高度游标卡尺、90° 角尺和钢板尺

9.1.2　錾削

用手锤锤击錾子对金属材料进行加工的方法称为錾削。錾削可以对金属进行平面、沟槽、切断、除刺、去飞边等较小表面的粗加工,每次整切厚度为 0.5~2 mm。

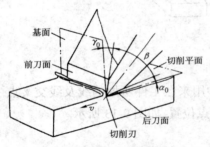

图 9-15　錾削加工示意图

1. 錾削工具

錾削所用的工具是錾子和锤子。

（1）錾子

錾子由錾刃、錾身、錾头组成,一般用碳素工具钢（T7、T8）锻成,刃部需经淬火及回火处理,使之具有一定硬度和韧性。常用的有平（扁）錾、尖（窄）錾、油槽錾。錾子的切削部分呈楔形,如图 9-15 所示。

（2）锤子

手锤由锤头和锤柄组成,规格以锤头质量表示,有 0.25 kg、0.5 kg、1 kg 等规格,锤柄长为 300~350 mm,锤头用碳素工具钢制成并淬火处理。

2. 錾削的应用

（1）錾削板料

錾削小而薄的板料可夹在台虎钳上进行,如图 9-16 所示。面积较大且较厚（4 mm 以上）板料的錾切可在铁砧上从一面錾开,如图 9-17 所示。

当錾切轮廓较复杂且较厚的工件时,为避免变形,应在轮廓周围钻出密集的孔,然后切断,如图 9-18 所示。

（2）錾削平面

錾削较窄平面时,錾子切削刃与錾削方向保持一定的斜度,如图 9-19 所示。

錾削较大平面时,通常先开窄槽,然后再錾去槽间金属,如图 9-20 所示。

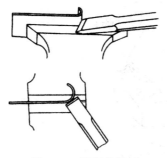

图9-16 錾削薄板料

图9-17 錾削厚板料

1—衬垫；2—工件；3—铁砧

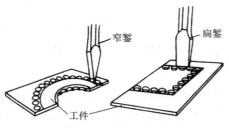

图9-18 錾切复杂轮廓

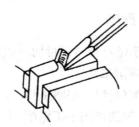

图9-19 錾削较窄平面

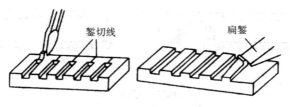

图9-20 錾削较大平面

（3）錾削油槽

錾削油槽时，錾子切削刃形状应磨成与油槽截面形状一致，錾子的刃宽等于油槽宽，刃高约为宽度的2/3。錾削方向要随曲面圆弧而变动，油槽应錾得光滑且深度一致。油槽錾好后，应用刮刀刮去毛刺，如图9-21所示。

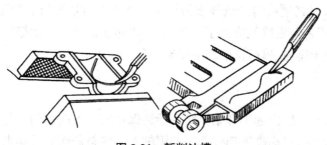

图9-21 錾削油槽

此外，当錾削到工件尽头时，錾削应从反方向錾掉余料，防止塌角塌边发生，如图9-22所示。

115

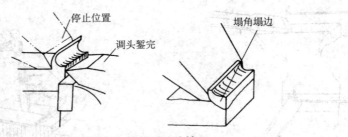

图 9-22　錾削到端头情况

錾削中要特别注意：工作台要安装防护网，防止被錾屑崩伤；经常检查锤头，发现松动及时修复，以防锤头甩出伤人；錾头出现毛刺要及时去除，以免伤人。

9.1.3 锯削

用手锯对材料进行切割的加工方法称为锯削。锯削能使材料切断或切出沟槽。

1. 锯削工具

锯削包括机械锯削和钳工锯削两种。机械锯削指利用锯床或砂轮片锯削，适于大批量生产；钳工锯削指用手工锯削，工具为手锯，适于批量不大的场合。手锯由锯弓和锯条组成，如图9-23 所示。

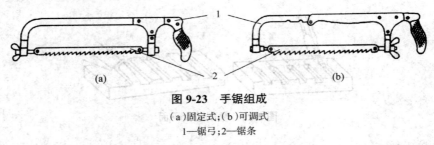

图 9-23　手锯组成
（a）固定式；（b）可调式
1—锯弓；2—锯条

锯弓有固定式和可调式两种，锯弓用于夹持和张紧锯条。锯条的材料是碳素工具钢并碎火。锯条的规格以两端安装孔的中心距表示。中心距长度一般为 300 mm，厚度 0.8 mm，宽12 mm。锯条与锯齿的结构如图9-24 所示。锯条按照每25 mm 长的齿数分粗齿锯条（14~18个齿）、中齿锯条（24 个齿）、细齿锯条（32 个齿）。锯齿粗细的选择依据被加工材料的硬度和加工厚度而定，一般材料硬或薄的选择细齿锯条。锯齿左右错开形成交叉式或波浪式排列称为锯路。锯路的作用是使锯缝宽度大于锯条厚度，以防止锯条卡在锯缝里，同时减小锯条在锯缝中的摩擦阻力，便于排屑，提高锯条的使用寿命和工作效率。

2. 锯削的应用

（1）锯削棒料

若要求锯削截面平整，则起锯开始至结束始终保持同一方向锯削。若截面质量要求不高，锯削时可改变几次方向，以提高锯削效率。若锯削毛坯棒料截面质量要求不高时，可分几个方向锯削，锯到一定程度后，用手锤将棒料击断。

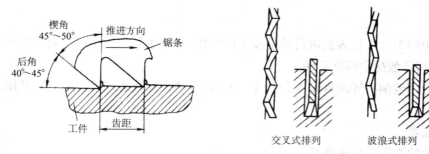

图 9-24　锯条与锯齿的结构

（2）锯削管材

锯削管材时可直接夹持在台虎钳内,夹紧力应适当。对于薄壁管材和精加工过的管材,锯削时应夹在有 V 形槽的木垫之间。锯削管材时,应不断转动管材,每个方向均锯到内壁处,直到锯断。这样可避免锯齿崩落,如图 9-25 所示。

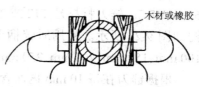

图 9-25　薄壁管材锯削的夹持

（3）锯削薄板

为避免锯齿崩落,增加刚性,薄板锯削时可将薄板夹在两木板之间进行,或手锯横向推进,如图 9-26 所示。

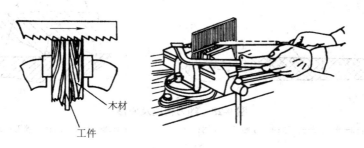

图 9-26　锯削薄板

（4）锯削深缝

深缝锯削的方法如图 9-27 所示,可将锯条转 90° 或 180° 使用。

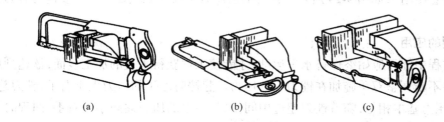

图 9-27　锯削深缝

（a）正常安装;（b）锯弓转 90°;（c）锯弓转 180°

9.1.4 锉削

锉削是用锉刀对工件表面进行切削加工的操作,常用于锯削或錾削后对工件进行精加工以及在部件、机器装配中修整工件。

锉削的应用范围有锉削外平面和曲面,锉削内外角及复杂表面,锉削沟槽、孔眼和各种形状的配合表面。

1. 锉削工具

锉削所用的主要工具是锉刀。

（1）锉刀的材料及构造

锉刀通常用碳素工具钢 Tl3A、T12A 或 Tl2 制成,并经淬硬处理,其切削部分硬度为 62~67HRC。锉刀材料是 T12 或 Tl3 时,需要淬火处理,此外还有金刚石涂层锉刀。锉刀的结构如图 9-28 所示。使用时锉柄要安装木把。锉刀规格以其工作部分长度表示,常用的有 100 mm、150 mm、200 mm、250 mm、300 mm、350 mm、400 mm7 种。

根据锉刀在每 10 mm 内所含齿数的多少分为:粗齿锉刀（4~12 齿,适于粗加工或加工较软的材料）、中齿锉刀（13~23 齿,适于粗锉后加工）、细齿锉刀（30~40 齿,锉光表面及加工铸件或钢件等硬度较高的材料）、油光锉刀（50~62 齿,用于精加工或修光）。锉刀粗细的选择依据加工余量、尺寸精度、表面结构要求和工件材质而定。锉刀构成及锉削原理如图 9-28 所示。

图 9-28　锉刀构成及原理

1—底齿;2—锉面;3—锉边;4—锉尾;5—锉柄;6—锉刀舌;7—锉屑;8—容屑空间;9—锉刀;10—工件

（2）锉刀的种类及选择

锉刀的种类有普通型锉刀（根据横截面形状又分板形、方形、三角形、圆形和半圆形）、异型锉刀（用于特殊表面的加工）、整形锉刀（用于细小部位的精细加工,由断面形状不同的多支锉刀组成一套使用）,如图 9-29 所示。锉刀的齿纹有单纹和双纹之分。双纹锉刀容易碎屑,用时省力。

2. 锉削的应用

锉削过程中锉刀应始终保持水平运动,才能使工件获得平直的加工表面,欲达到此目的,在锉削中要不断调整双手施加在锉刀上的压力。起锉时左手的压力大于右手,锉刀趋于中间位置,双手压力基本相等,随着锉刀超过中间位置,左手的压力逐渐小于右手;回程时,双手均不施压。

（1）锉削平面

锉削平面的方法有顺锉法、交锉法和推锉法,如图 9-30 所示。

118

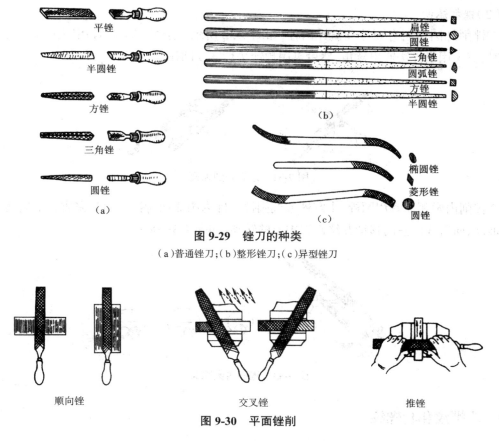

图 9-29　锉刀的种类

（a）普通锉刀;（b）整形锉刀;（c）异型锉刀

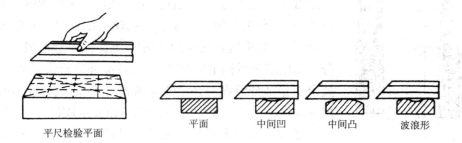

顺向锉　　　　　　交叉锉　　　　　　推锉

图 9-30　平面锉削

①顺锉即挫刀沿着同一方面挫削,比较美观,适用于锉削不大的平面和最后锉光锉平。

②交叉锉即锉刀从两个方向交叉锉削,由于锉刀与工件接触面大,容易保持锉刀平稳,同时看锉纹可判定锉削面的质量,适于粗加工,锉好后要用顺向锉修光。

③推锉法即双手拇指和食指横握锉刀,沿工件长度方向锉削,适于锉削窄而长的平面和最后修整。

锉平面时,常用钢板尺或刀口直尺以透光法检查其平面度,如图 9-31 所示,从平尺与锉削平面接触处透光的强弱程度来判断平面的平整程度。

平尺检验平面　　　平面　　中间凹　　中间凸　　波浪形

图 9-31　透光法检查平面度

（2）锉削弧面

①锉削外圆弧面有顺锉和横锉两种,如图 9-32 所示。余量较小时宜用顺锉法锉削;余量较大时,应先用横锉法锉出棱角,然后再用顺锉法精锉成圆弧。

图 9-32　锉削外圆弧面

②锉削内圆弧面宜用圆锉、半圆锉或椭圆锉。锉内圆弧面时锉刀同时完成三个运动,即向前的推动、向右或向左的移动并绕锉刀中心的转动,如图 9-33 所示。

图 9-33　锉削内圆弧面

9.1.5　攻螺纹和套螺纹

钳工中,手攻螺纹占的比重很大。手攻螺纹包括攻螺纹和套螺纹,主要是三角形螺纹。用丝锥在圆孔的内表面上加工内螺纹称为攻螺纹;用板牙在圆杆的外表面加工外螺纹称为套螺纹。丝锥和板牙都是成形工具,一般是一次切削就可以加工出螺纹。

（1）攻螺纹用具

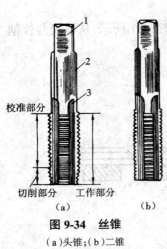

图 9-34　丝锥
（a）头锥;（b）二锥
1—方头;2—柄;3—容屑槽

①丝锥是加工内螺纹的标准刀具,按使用分为手用丝锥和机用丝锥两种。按用途又分为普通螺纹丝锥（又分粗牙和细牙两种）、英制螺纹丝锥、圆柱管螺纹丝锥、圆锥管螺纹丝锥等。钳工最常用的是普通螺纹丝锥。每种规格的手用丝锥一般由两支组成一套,分为头锥和二锥。手用丝锥用碳素工具钢或合金工具钢制成,其构造如图 9-34 所示。工作部分分切削和校准两部分。切削部分承担主要切削工作,校准部分起修光和引导作用。整个工作部分沿纵向开出 3~4 条容屑槽,形成切削刃并容纳切屑。丝锥的柄部有方头,攻螺纹时可以安装铰杠,传递转矩。

②铰杠是用来夹持并扳转丝锥的专用工具。如图 9-35 所示,铰杠是可调式的,转动右边手柄,可调节方孔的大小,以便夹持不同规格的丝锥。

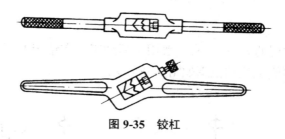

图 9-35　铰杠

攻螺纹前底孔直径 D 可按下列经验公式算出,亦可从相关表中选取。加工脆性材料(铸铁、青铜等),底孔直径

$$D_0 = D - (1.05 \sim 1.1)P$$

加工韧性材料(钢、黄铜等),孔底直径

$$D_0 = D - P$$

式中　D——内螺纹大径,mm;D_0——底孔直径,mm;P——螺距,mm。

攻盲孔螺纹时,因丝锥不能攻到孔底,所以钻孔深度要大于所需的螺孔深度。

(2)套螺纹用具

①板牙是加工外螺纹的标准刀具,一般用碳素工具钢、合金工具钢或高速钢经淬火后回火制成。圆板牙的外形像圆螺母,只是在其端面上钻有几个排屑孔并形成刀刃。圆板牙的构造如图 9-36 所示。板牙两端带有一定的锥角,承担主要的切削工作。中间是校准部分,也是螺纹的导向部分。M3.5 以上的板牙其外圆有四个紧定螺钉坑和一条 V 形槽,螺钉坑用于定位、紧固并传递转矩。

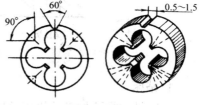

图 9-36　板牙

②板牙架是用于夹持板牙并带动其转动的专用工具,构造如图 9-37 所示。

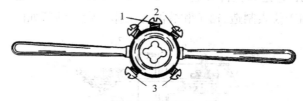

图 9-37　板牙架

1—调整螺钉;2—撑开螺钉;3—紧固螺钉

套螺纹时,若圆杆直径太大,则板牙难以套入;直径太小则套出的牙型不完整。因此套螺纹前应确定合适的圆杆直径,以保证顺利套出合格的螺纹。圆杆直径 d_0 按下列经验公式算出,亦可从相关表中选取:

$$d_0 = d - 0.13P$$

式中　d——外螺纹大径,mm;d_0——圆杆直径,mm;P——螺距,mm。

9.1.6 钻削

钻削是孔加工最常用的方法之一,一般用于粗加工。在钻床上可完成的工作很多,如钻孔、扩孔、铰孔和攻螺纹等,其应用范围如图 9-38 所示。

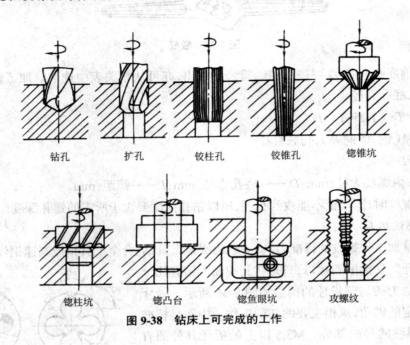

钻孔　　扩孔　　铰柱孔　　铰锥孔　　锪锥坑

锪柱坑　　锪凸台　　锪鱼眼坑　　攻螺纹

图 9-38　钻床上可完成的工作

1. 钻床

钻床是进行孔加工的机床,种类很多,常用的有台式钻床、立式钻床和摇臂钻床。

(1)台式钻床

台式钻床简称台钻,它是放在台桌上使用的小型钻床,一般用于加工小型零件上的直径小于 12 mm 的孔,主要用于仪表制造、钳工和装配等工作。台式钻床如图 9-39 所示。

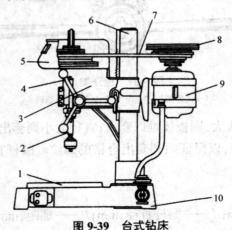

图 9-39　台式钻床

1—工作台;2—主轴;3—主轴架;4—钻头进给手柄;5—皮带罩;6—立柱;
7—V 形皮带;8—皮带轮;9—电动机;10—底座

底座用以支撑台钻的立柱、主轴等部分,同时也是装夹工件的工作台;立柱用以支撑主轴架及变速装置,同时也是主轴架上下移动和旋转的导轨;主轴箱前端装有主轴和进给操纵手柄,后端装有电动机;主轴下端带有锥孔,用以安装钻头;主轴与电动机之间用 V 形带传动,主轴的转速可通过改变 V 形带在带轮上的位置来调节;主轴的轴向进给运动是靠扳动进给手柄实现的。台式钻床的结构简单,使用方便。

（2）立式钻床

图 9-40 为立式钻床,主要由机座、立柱、变速箱、进给箱和工作台组成。变速箱固定在立柱顶部,内装电动机、变速机构及操纵机构。进给箱内有主轴、进给变速机构和操纵机构。电动机的运动通过变速箱使主轴带动钻头旋转,获得各种所需的转速,同时也把动力传给进给箱,通过进给箱的传动机构,使主轴随着主轴套筒按需要的进给量作直线进给运动。进给箱右侧的手柄用于主轴的上下移动,钻头装在主轴孔内,工件安装在工作台上。工作台和进给箱都可以沿立柱调整其上下位置,以适应不同高度的工件需要。立式钻床的主轴位置是固定的,为使钻头与工件上孔的中心对准,必须移动工件,因而操作不方便,生产率不高,常用于单件、小批量生产中加工中小型的工件。立式钻床的规格用最大钻孔直径表示,其最大钻孔直径有 25 mm、35 mm、40 mm 和 50 mm 等。

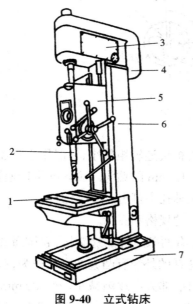

图 9-40　立式钻床

1—工作台;2—主轴;3—主轴变速箱;4—电动机;
5—进给箱;6—立柱;7—机座

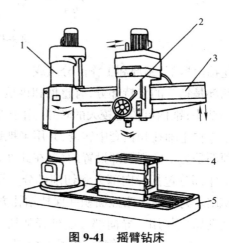

图 9-41　摇臂钻床

1—立柱;2—主轴箱;3—摇臂;4—工作台;5—机座

（3）摇臂钻床

在大型的工件上钻孔,希望工件不动,钻床主轴能任意调整其位置,这就需用摇臂钻床。如图 9-41 所示为摇臂钻床,由机座、立柱、摇臂、主轴箱、工作台等组成。摇臂可绕立柱回转,主轴箱可沿摇臂的导轨作水平移动,这样可以方便地调整主轴的位置,对准工件被加工孔的中心。工件可以安装在工作台上,如工件较大,可移走工作台直接装在机座上。摇臂钻床适用于单件或成批生产的大中型工件和多孔工件的孔加工。

2. 钻头及附件

（1）钻头

在钻床上用来钻孔的刀具称为钻头,按齿槽的形式可分为直刃钻头和麻花钻头。麻花钻头最常用,其结构如图 9-42 所示。

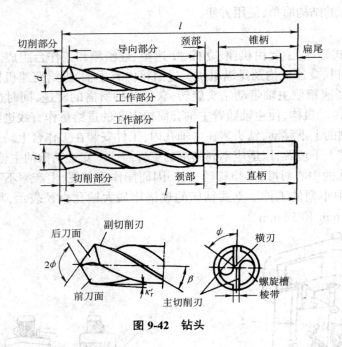

图 9-42 钻头

麻花钻由柄部、颈部和工作部分组成。

①柄部是钻头的夹持部分,有直柄和锥柄两种。直柄传递转矩较小,一般用于直径不超过 12 mm 的钻头;锥柄可传递较大的转矩,用于直径大于 12 mm 的钻头。扁尾既可传递转炬,又可避免钻头在主轴孔和钻套中转动,并用来把钻头从主轴孔中打出。

②颈部是为了磨削柄部设置的,多在此处刻印钻头的规格和商标。

③工作部分包括导向部分和切削部分。导向部分有两条对称的螺旋槽,起排屑和输送切削液的作用。为了减小摩擦面积并保持钻孔方向,麻花钻的外缘有凸起的窄带作为校边,起导向和修光孔壁的作用。导向部分的外径从切削部分向柄部方向逐渐减小(每 100 mm 长度上减小 0.03~0.12 mm),称为倒锥,以减小棱带与孔壁的摩擦。切削部分担负主要的切削工作,它有两个刃瓣,每个刃瓣相当于一把反装的车刀,其中心部分为横刃,这是其他刀具所没有的,横刃不起切削作用,钻头前端有两个倾斜的曲面,构成刀具的主后面;在圆柱面上有两条螺旋槽为钻的前刀面,两条螺旋槽和两个曲面的交线构成两个主切削刃,在切削刃上各点的前角和后角的值随该点至轴线的距离而变化。前角在钻头边缘部分最大,后角则相反。

麻花钻两主切削刃应等长,顶角被钻头中心平分,否则钻削时会产生颤动或将孔扩大。

（2）附件

①装夹钻头的附件麻花钻因柄部形状不同,装夹方法也不同,如图 9-43 所示。直柄钻头

通常用钻夹头装夹。装夹时,将直柄钻头的柄部装入钻夹头的三个爪里,用紧固扳手旋紧,开车检查其是否摆动。若有摆动,则需停车校正。若不摆动,停车后用力夹紧。取下钻头时,先用紧固扳手旋松钻夹头的三个爪,再取出钻头。锥柄钻头可以直接装入机床主轴的锥孔内。当钻头的柄部尺寸小于机床主轴的锥孔时,可用一个或多个过渡套筒安装。套筒上接近扁尾处的长方形通孔是为卸钻头时打入楔铁用的。卸钻头时,要用手握住钻头,以免打击楔铁时钻头落下,损伤机床和其他刀具。

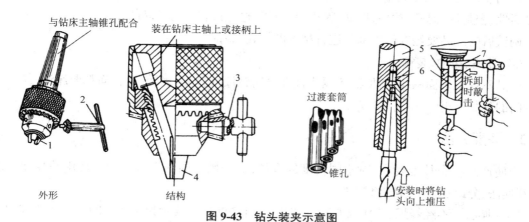

图 9-43 钻头装夹示意图

1、4—自动定中心夹爪;2、3—紧固扳手;5—钻床主轴;6—过度套筒;7—楔铁

②装夹工件的附件在台式钻床和立式钻床上加工孔时,小型工件通常用虎钳装夹;大型工件用压板、螺钉直接安装在工作台上;在圆形工件上加工孔时,一般把工件安装在 V 形铁上。

9.2 装配

按规定的技术要求将已加工合格的零件进行配合与连接,形成组件、部件或整机的工艺过程称为装配,它是机械加工的最后工序,装配过程是保证产品质量与使用性能的关键,直接影响产品质量。即使零件加工精度很高,如果装配工艺不合理,也会使产品性能达不到要求。

9.2.1 装配工艺过程

装配是细致的工作,应该认真、严格地按照工艺规程进行。

(1)装前准备

装配之前应进行如下工作:熟悉图样,通过认真研究图样,了解产品结构、零件的作用以及零件间相互连接关系;确定装配方法及装配顺序;准备装配所用工具;修整和清洗所有装配零件。

(2)装配工作

装配分组件装配、部件装配和总装配。

1)组件装配 将若干个零件安装在一个基础零件上构成组件的装配,例如车床主轴箱中某一传动轴装上轴承、齿轮等构成一组件。

2）部件装配　将若干个零件和组件安装在另一基础零件上构成部件的装配过程,例如由几个传动轴组件装在主轴箱体内构成主轴箱部件。

3）总装配　将若干个零件、组件和部件安装在最后一个基础零件(通常为产品的基准零件)上构成完整产品的装配过程,例如将一些零件、箱体部件安装在床身上构成一台机床。

（3）调试、检验

产品总装之后先要调整零件或机构的配合间隙及相对位置,然后通过试运转以考察产品的灵活性、密封性、温升、功率、振动、噪声、转速等,这一过程称为产品的调试。

调试后的产品要经专门的部门进行精度的检查、验证。

（4）油漆、涂油、装箱

产品不加工表面一律涂油漆,不露表面要涂防锈漆,已加工表面、配合面都要涂油,最后放入专门的包装箱里。

9.2.2　装配方法

为使产品符合技术要求,对不同精度的零件,应采用不同的方法装配。常用的装配方法有:互换法、分组法、调整法、修配法。

1）互换法　不经修配、选择或调整,任取一零件装配后就符合技术要求的装配方法称为互换法。这种方法具有装配简单,效率高,便于组织流水作业,维修更换便捷等特点,但对零件的加工精度要求较高,制造费用高,适用于配合精度低或批量大的场合。

2）分组法　将各配合副的零件按照实际测得的尺寸分成组,再按组进行装配的方法称为分组法。这种装配方法的特点是可提高零件的装配精度而不增加加工费用,但增加了测量和管理的工作量,适用于大批量的场合。

3）调整法　用改变调整零件的相对位置或尺寸,或选用合适的调整零件来达到技术要求的装配方法称为调整法。用这种方法装配能降低相关零件的加工精度和配合要求。另外,通过定期更换或修配调整件即能迅速恢复精度,这对易损易变形结构很有利,由于加入调整件,容易使某些配合副的连接刚性、位置精度受影响,因此装配当中应予注意。

4）修配法　装配过程中修去指定零件上预留的修配量来达到装配要求的装配方法称为修配法,修配法可使其他组成零件的加工精度降低,从而降低成本,经过修配后能获得较高的装配精度,但装配复杂,故适用于单件或小批量生产中。

9.2.3　举例——减速器拆装工艺

1.前期准备工作

①切断驱动减速器的电动机电源,并挂上警示牌。

②将电动机与减速器输入轴、传动副拆下,并将减速器输出轴与相连接设备的传动副拆下。

③拆除减速器与地面或设备连接的地脚螺钉。

④将减速器运到拆装车间。

⑤准备必需的拆装工具（扳手、榔头、螺丝刀等）和辅具（油盘、零件盘、橡胶垫、擦机布、毛刷等）

2. 拆卸工艺

①读装配图，分组拆卸。

②对减速器外表进行简单清洁；用扳手松开放油堵，将减速器箱体内机油放入油盘中，再将放油堵拧入（防止残油流出），取出油尺放入零件盘内。

③用木榔头或拉马将箱体定位销钉卸下，放入零件盘中。

④用扳手拆除箱体，拆卸上、下箱体之间的连接螺栓，放入零件盘中。

⑤用扳手拧动启盖螺钉（如无启盖螺钉，可用木榔头或橡胶榔头从侧面敲击箱盖，使其松动），放入零件盘中，卸下箱盖。

⑥用木榔头或橡胶榔头由下向上敲击减速器输入轴头根部，取出输入轴组件，放在橡胶垫上。

⑦用木榔头或橡胶榔头由下向上敲击减速器输出轴头根部，取出输出轴组件，放在橡胶垫上。

⑧卸下轴承盖、调整垫片等。

⑨使用拉马或压力机将轴上的轴承及齿轮拆下，按顺序穿放在橡胶垫上，取出平键，放入零件盘内。

⑩用扳手和螺丝刀拆下观察盖板上的通气螺栓和四周的紧固螺钉，放入零件盘内。

⑪用手卸下放油堵，放入零件盘内。

⑫用擦机布擦净工具，整理归位，清扫工作场地。

3. 减速器组装工艺

①读装配图，分组组装。

②使用毛刷和清洗剂清洁齿轮、轴承、输入轴、输出轴、平键。

③用榔头或木榔头将平键装入传动轴的键槽内。

④用榔头及铜套筒（铜棒）或压力机将齿轮键槽对正平键后安装在轴上。

⑤用榔头及铜套筒（铜棒）或热装方式将轴承安装在轴上，放在干净的橡胶垫上。

⑥用清洁剂、毛刷清洗箱体、箱盖、观察盖板、通气螺钉、放油堵、轴承盖、调整垫片等，并用压缩空气吹净，放在橡胶垫上。

⑦将放油堵和垫片拧入箱体放油口并用扳手拧紧。

⑧输入轴和输出轴放入箱体中，装上轴承盖，通过调整垫片的厚度，调节两个齿轮啮合的轴向位置。

⑨为加强密封效果，装配时可在箱体剖分面上涂以水玻璃或密封胶后扣上箱盖，并用木榔头或橡胶榔头敲击，使箱盖与箱体贴紧。

⑩用榔头将定位销从箱盖定位销孔处打入，确保上下箱体之间定位正确。

⑪依次装入螺钉、弹簧垫圈、平垫圈和螺母，用扳手拧紧，将上下箱体紧固，螺钉要分两次以上采用对角方式拧紧。

⑫加注机油,用油尺检验是否达标。

⑬用扳手将通气螺钉拧入观察盖板通气孔中并拧紧,再用螺丝刀将观察盖板紧固在箱盖上。

⑭用擦机布擦净减速器外壳,再擦净工具和辅具,整理归位,清扫工作场地。

4. 装复工作

①将减速器运到安装场地。

②紧固减速器与地面或设备的连接螺钉,注意减速器轴线与连接轴的同轴性。

③安装减速器输入轴与电动机的传动副以及减速器输出轴与相连接设备的传动副。

④接通驱动减速器的电动机电源,并摘除警示牌。

⑤用擦机布擦净设备外壳,再擦净工具和辅具,整理归位,清扫工作场地。

第 10 章　数控加工技术

数控加工是指在数控机床上进行零件加工的一种工艺方法。数控机床是一种装有数字程序控制系统的加工机床,该系统可逻辑处理用规定的字符所编写的加工指令程序,并驱动机床加工出符合程序要求的机械零件。这与传统的机械加工有很大的区别。传统的机械加工是操作者根据图样要求,在加工过程中不断改变切削刀具与工件之间的相对运动参数和位置,最终得到所需的合格零件,而数控加工则是由操作者根据图样要求编写加工零件的程序并输入机床的数控系统中,由数控系统驱动刀具移动加工得到工件。数控机床是现代机械制造中最常用的一种高效能的自动化加工机床,它较好地解决了实际生产中具有复杂性、精密性、多样性等特点的零件加工问题。

10.1　数控加工理论基础

10.1.1　数控机床的工作原理

数控机床的全称为数字程序控制机床。数控机床的加工是把刀具与工件的运动坐标分割成一些最小位移量,由数控系统按照零件程序的要求,以数字量作为指令进行控制,驱动刀具或工件以最小位移量作相对运动,完成工件的加工。

对数控机床进行控制,必须在操作者与机床之间建立某种联系,这种联系物质称为控制介质。操作者将加工指令写在控制介质上,然后输入到数控装置中。数控装置是数控机床的核心,它先将控制介质上的信息进行译码、运算、寄存及控制,再将结果以脉冲的形式输送到机床各个坐标的伺服系统。伺服系统是数控机床的重要组成部分,用来接收数控装置发出的指令信息,并经功率放大后驱动机床移动部件作精确的定位或按规定的轨迹和速度运动。而机床则是数控加工的基础部件,直接加工工件。

10.1.2　数控机床的坐标系与编程

为方便数控加工程序的编制以及使程序具有通用性,在数控机床上对机床的坐标系进行了统一的标准规定。坐标系通常采用右手笛卡尔直角坐标系,如图 10-1 所示。其中坐标轴的正方向规定为增大工件和刀具之间距离的方向,Z 轴是指机床上提供切削力的主轴的轴线方向。如图 10-2 所示,图(a)为数控车床,图(b)为数控铣床的坐标轴设定。

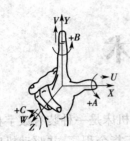

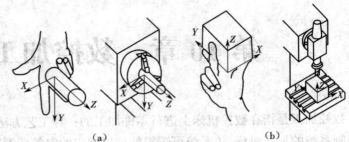

图 10-1 右手笛卡尔坐标系

图 10-2 数控机床的坐标系
（a）卧式车床；（b）立式铣床

1. 编程

数控机床加工,先要根据零件的形状和尺寸进行分段,然后按工艺过程要求确定加工顺序、坐标移动增量,并确定相应的主运动速度、进给速度等参数,最后将上述顺序和相关数据以规定的字符和数字代码形式打在穿孔纸带上或通过键盘输入数控装置中,这一过程称为编程。编程又按其自动化程度分为手工编程和自动编程。

2. 数控程序代码及功能（ISO 标准）

现代数控机床是按照事先编制好的加工程序自动地对工件进行加工的高效自动化设备。因此一个工件在按图样要求完成工艺处理后,需将各个工序的几何尺寸、加工路线、切削用量等参数换算为刀具中心运动轨迹,以获得刀位数据,再按照数控系统的程序指令和程序格式逐段编写工件的加工程序。在编程中使用准备功能指令、辅助功能指令和相关参数指令,对数控机床的运动方式、主轴的启停和转向、进给速度、刀具选择等进行控制。

为了满足设计、制造、维修需要,在输入代码、坐标系统、加工指令、辅助功能和程序格式等方面,国际上已经形成了两种通用的标准,即国际标准化组织（ISO）标准和美国电子工程协会（EIA）标准,这些标准是数控加工编程的基本原则。我国根据 ISO 标准制定了《数字控制机床用的七单位编码字符》（JB 3050—82）、《数字控制坐标和运动方向的命名》（JB 3051—82）、《数字控制机床穿孔带程序段格式中准备功能 G 和辅助功能 M 代码》（JB 3208—83）。

3. 程序的格式

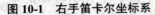

N	G	X	Y	Z	F	S	T	M	LF
程序段号	准备功能		尺寸字		F代码	S代码	T代码	M代码	回车

①程序段号由 N 和三位数字组成。

②准备功能代码由 G00~G99 构成。常用的代码及对应的功能和说明见表 10-1。

表 10-1 常用 G 代码功能和说明

代码	功能	说明
G00	快速点定位	命令刀具从所在点快速移动到下一个位置

代码	功能	说明
G01	直线插补	使机床沿坐标方向或平面产生直线或斜线运动
G02	圆弧插补	使机床在坐标平面内执行顺时针圆弧插补
G03	圆弧插补	使机床在坐标平面内执行逆时针圆弧插补
G17	平面选择	指定零件进行 XY 平面上的加工
G18	平面选择	指定零件进行 ZX 平面上的加工
G19	平面选择	指定零件进行 YZ 平面上的加工
G33	切削螺纹	加工螺纹
G40	取消刀具补偿	取消所有刀具补偿指令
G41	刀具补偿	沿刀具运动的方向看,刀具位于加工面的左侧
G42	刀具补偿	沿刀具运动的方向看,刀具位于加工面的右侧
G90	绝对尺寸	坐标字按绝对坐标编写
G91	相对尺寸	坐标字按相对坐标编写
G92	预置寄存	设定程序原点从而建立坐标系,常用为工件坐标系

③尺寸字的排列顺序为 X_，Y_，Z_，表示机床移动件沿对应坐标轴移动的位置或距离。单位为 1/1 000 mm。

④F 代码又称进给功能代码,由 F 和进给量数字组成,单位为 mm/min。

⑤S 代码又称主轴转速功能代码,由 S 和主轴转速量数字组成,单位为 r/min。

⑥T 代码由 T 和若干数字组成,表示刀具功能和刀具编号。

⑦M 代码又称辅助功能代码,由 M00~M99 构成。常用代码及对应功能和说明见表 10-2。

表 10-2 常用辅助功能代码及说明

代码	指令含义
M00	程序暂停指令,重新按启动键后继续执行下一程序段
M01	程序选择暂停指令,与 M00 相似,由面板上 M01 选择开关决定其是否有效
M02	循环执行指令,用于返回到本次加工的开始程序段并从次循环执行
M03	主轴正转指令,用于启动主轴正转
M04	主轴反转指令,用于启动主轴反转
M05	主轴停止指令
M08	切削液泵启动指令
M09	切削液泵停止指令
M98	调用子程序指令,后跟 D 指令(子程序起始段)和 L 指令(循环次数)
M99	返回主程序指令,用于子程序结尾
M30	程序结束指令,程序结束并返回到本次加工的开始程序段

10.2 数控车床及典型案例

数控车床是一种高精度、高效率的自动化机床。它具有广泛的加工工艺性能，可加工直线圆柱、斜线圆柱、圆弧和各种螺纹。具有直线插补、圆弧插补各种补偿功能，并在复杂零件的批量生产中发挥了良好的经济效果。

10.2.1 数控车床介绍

数控车床主要由数控系统和机床本体组成。如图 10-3 所示，数控系统包括控制电源、轴伺服控制器、主机、轴编码器（X 轴、Z 轴和主轴）及显示器等；机床本体包括床身、主轴箱、电动回转架、进给传动系统、电动机、冷却系统、润滑系统和安全保护系统等。

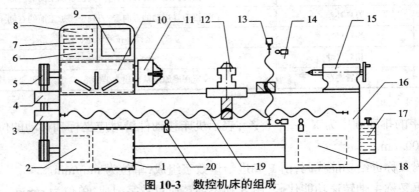

图 10-3　数控机床的组成

1—控制电源；2—电动机；3—Z 轴伺服电机；4—轴编码器；5—皮带轮；6—主机；7—Z 轴伺服控制；8—X 伺服控制；9—显示器；
10—主轴箱；11—三爪卡盘；12—回转刀架；13—X 轴伺服电机；14—限位保护开关；15—尾架；16—床身；17—润滑系统；
18—冷却系统；19—滚珠丝杠；20—限位保护开关

10.2.2 典型零件编程

现以图 10-4 所示轴类零件为例，在数控车床上进行最后工序精加工，手工编程加工程序列于表 10-3。

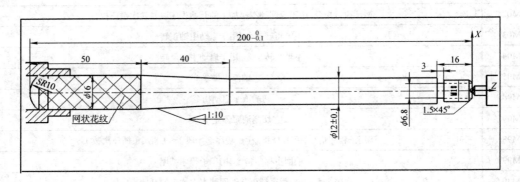

图 10-4　轴类零件

132

表 10-3 加工程序

程序	注释
O0001;	程序名
N010　T0101;	换 1 号外圆精车刀,调用 1 号刀补值
N020　G00 X150.Z3.;	快速移动到换刀点位置
N030　S800 M03;	主轴以 800 r/min 正转
N040　G00 X7. Z2.;	快速移动到车倒角处
N050　G01 Z0 F0.06;	以 0.06 mm/r 速度移动到右端面
N060　G01 X10. Z-1.5;	车 1.5×45° 倒角
N070　G01 Z-16.;	车螺纹外径
N080　G01 X12.;	
N090　G01 Z-110.;	车 ϕ12 外圆
N100　G01 X16. W-40.;	车 1:10 外圆锥面
N110　G01 X17.;	
N120　G00 X150. Z3.;	快速移动到换刀点位置
N130　T0202;	
N140　S300 M03	
N150　G00 X12.5 Z-16.;	快速移动至退刀槽处
N160　G01 X6.8 F0.04;	切退刀槽
N170　G00 X12.5	退刀
N180　G00 X150. Z3.;	快速移动到换刀点位置
N190　T0303;	换 3 号外螺纹刀,调用 3 号刀补值
N200　S800 M03;	主轴以 800r/min 正转
N210　G00 X10.5 Z2.;	快速移动到螺纹起点
N220　G92 X9.4Z-15.F1.25;	螺纹循环加工
N230　X9.;	
N240　X8.8;	
N250　X8.5;	
N260　X8.375;	
N270　X8.375;	
N280　G00 X150.Z3.	快速回到换刀点位置
N290　M05;	主轴停止
N300　M30;	程序结束

10.3　数控铣床及典型零件编程

是目前使用较为广泛的数控加工机床之一,主要用于形状较复杂的平面、曲面和壳体类零件的加工,如各类模具、箱体、样板、叶片、凸轮等。

10.3.1 数控铣床介绍

1. 数控铣床的组成

数控铣床结构如图 10-5 所示,由机床底座、电柜箱、电源、升降台伺服电动机、变速箱、立柱、数控柜、形程挡铁、参考点挡铁、操作面板、滑鞍、横向进给伺服电动机、纵向进给伺服电动机、升降台、工作台组成。

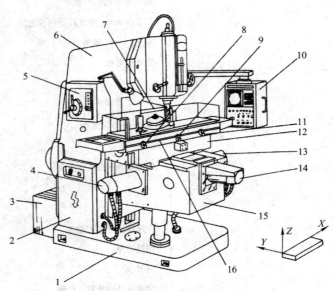

图 10-5 数控铣床

1—机床底座;2—电器柜;3—电源;4—升降台伺服电动机;
5—变速箱;6—立柱;7—数控柜;8—左行程挡铁;9—参考点挡铁;
10—操作面板;11—右行程挡铁;12—滑鞍;13—横向进给伺服电动机;
14—纵向进给伺服电动机;15—升降台;16—工作台

2. 数控铣床加工工艺

数控铣床加工工艺制定方法:①分析零件图样,明确技术要求和加工内容;②确定工件坐标系原点位置(对刀),并将工件上此位置相对于机床机械参考点的坐标值记入零点偏置存储器 G54~G59 中;③确定加工工艺路线,根据加工对象的形状特点,选取合理的刀具进行加工;④选择合理的主轴转速 S 和进给速度 F;⑤编制及调试加工程序,完成零件加工。

10.3.2 典型零件编程

现以图 10-6 所示零件为例,在 XK6325B 数控铣床上进行最后工序精加工,其加工轨迹图如图 10-7 所示,手工编程见表 10-4。

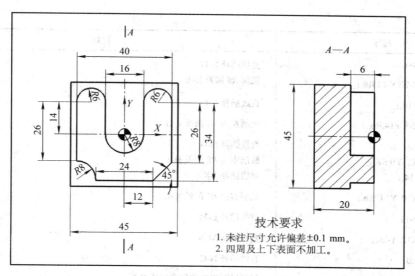

图 10-6 零件图

技术要求

1. 未注尺寸允许偏差±0.1 mm。
2. 四周及上下表面不加工。

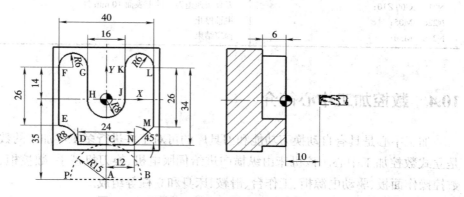

图 10-7 刀具与工件加工轨迹图

表 10-4 数控加工程序

程序	注释
O0 002；	程序名
N010　G54 G90 G49 G40 G80；	建立工件坐标系,绝对编程,取消刀具长度补偿,取消刀具半径补偿(φ6 三刃铣刀)
N020　S400 M03；	主轴以 400 r/min 正转
N030　G00 X0 Y0 Z10；	刀具快速移动到 X0,Y0,距工件上表面 10 mm 处
N040　G00 X0 Y-35.；	快速移动到准备下刀处
N050　G01 Z-6. F100；	刀具以 100 mm/min 速度下到铣削深度 A 点
N060　G41 G01 X15. D01；	刀具铣削工件轨迹,建立刀具半径左补偿 A—B
N070　G03 X0 Y-20.R15.F70.；	刀具以圆弧轨迹切入工件,进给速度 70 mm/minB-C

程序	注释
N080　G01 X-12.;	直线插补 C-D
N090　G03 X-20.Y-12.R8.;	铣削 *R*8 圆弧 D-E
N100　G01 Y14.;	直线插补 E-F
N110　G02 X-8.Y14.R6..;	铣削左边 *R*8 圆弧 F-G
N120　G01 Y0;	直线插补 G-H
N130　G03 X8. Y0 R8.;	铣削中间 *R*8 圆弧 H-J
N140　G01Y14.;	直线插补 J-K
N150　G02 X20. Y14. R6.;	铣削右边 *R*6 圆弧 K-L
N160　G01 Y-12.	直线插补 L-M
N170　G01 X12. Y-20.;	直线插补 M-N
N180　G01 X0;	直线插补 N-C
N190　G03 X-15.Y-35. R15.;	刀具以圆弧轨迹移除工件 C-P
N200　G40 G01 X0 ;	刀具退刀下到点,取消刀具半径左补偿 P-A
N210　G00 Z10;	刀具快速退刀工件上表面 10 mm 处
N220　M05;	主轴停止
N230　M30;	程序结束

10.4　数控加工中心简介

加工中心是具有自动换刀功能和刀具库的可对工件进行多工序加工的数控机床。图 10-8 是立式数控加工中心。该机床由纵横向进给伺服电机、换刀机械手、数控柜、刀具库、主轴箱、数控操作面板、驱动电源柜、工作台、滑鞍、床身和立柱等组成。

在该机床上,因工件在一次装夹后数控系统可自动按程序对工件进行多工序加工,且自动换刀系统可通过机械手按数控程序的要求从刀具库中识别和更换相应的刀具,调整进给量和刀具运动轨迹及其他辅助功能,所以加工中心具有更高的切削利用率,适用于加工形状复杂、精度要求高、品种更换频繁的零件。

10.5　数控加工虚拟仿真系统

数控加工仿真是采用计算机图形学的手段对加工轨迹和零件切削过程进行模拟,具有快速、仿真度高、成本低等优点。它采用可视化技术,通过仿真和建模软件,模拟实际的加工过程,在计算机屏幕上将车、铣、钻、镗等加工方法的加工路线描绘出来,并能反馈错误信息,使工程技术人员能预先看到制造过程,及时发现生产过程中的不足,有效预测数控加工过程和切削过程的可靠性及高效性,代替了试切检验方法,因此在制造业得到了越来越广泛的应用。

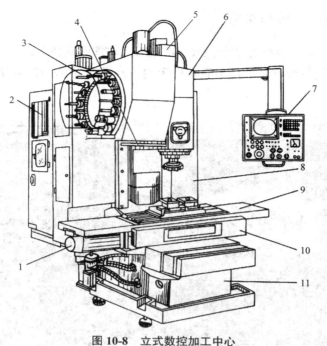

图 10-8　立式数控加工中心
1—纵横向进给伺服电动机;2—数控柜;3—刀具库;
4—换刀机械手;5—立柱;6—主轴箱;7—数控操作面板;8—驱动电源柜;
9—工作台;10—滑鞍;11—床身

10.5.1　虚拟仿真——加工中心

　　虚拟仿真数控加工系统是对数控铣床和加工中心真实加工全过程的仿真,它充分利用多媒体技术、虚拟现实技术与网络通信技术,构建了完整的多数控系统虚拟加工环境,并通过虚拟环境集成与控制技术融合搭建的数控仿真模拟器,如图 10-9 所示。该模拟器可将手工编制的 NC 程序或由 NX, MasterCAM 等自动编程软件生成的 NC 程序输入到数控仿真器中执行,操作者能在计算机上看到与真实机床加工零件效果完全一致的三维切削实时效果,高效安全地提高了学生工程实践能力。

图 10-9　虚拟仿真数控加工系统

10.5.2 虚拟仿真——数控车床

数控仿真加工是以计算机为平台在数控仿真加工软件的支持下进行的。这些软件一般都具有数控加工过程的三维显示和模拟真实机床的仿真操作,如图 10-10 所示为数控车床仿真软件。

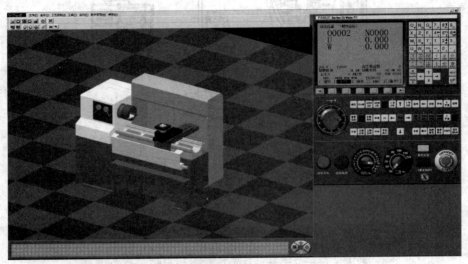

图 10-10 仿真主界面

该数控仿真软件集成多种数控车床型号可供操作者选择,在系统中可以真实模拟数控车床的各种操作,演练数控操作编程,模拟程序的加工轨迹,可以实现工件的实时在线切削。

第11章 特种加工

近年来随着科学技术的迅速发展,尤其是新型汽车技术、航空航天技术、新型装备制造技术的发展,使得人们对产品的机械结构及加工精度要求越来越高,各种新结构、新材料的精密零件层出不穷,对传统的加工技术形成了巨大的挑战。在传统加工技术无法满足新型精密工件加工要求的情况下,特种加工这种新的加工工艺迅速发展壮大起来。

特种加工是指利用电能、热能、声能、光能、化学能、电化学能及特殊机械能等能量形式,将其中一种或多种复合能量施加在被加工工件上,实现材料的去除、变形、分离、镀覆的加工方法。特种加工主要用来加工普通机械设备难加工或者加工不了的材料,如耐火钢、耐磨钢、硬质合金等,也可以加工形状复杂或有特殊要求的工件如:复杂型面、薄壁、小孔、窄缝等。与普通的机械加工相比,特种加工主要有以下特点。

①特种加工的工具与被加工零件基本不接触。加工时不受工件的强度和硬度的制约,故可加工超硬、脆材料和精密、微小零件,甚至工具材料的硬度可低于工件材料的硬度。

②加工时主要依靠电化学能量去除多余材料,不是靠机械能量,所以加工过程接触应力小,工件加工过程中产生的切削应力小,可以保证较高的切削精度。

③没有宏观切屑产生,无强烈的弹、塑性变形,故可获得很低的表面结构值,其残余应力、冷作硬化、热能响度等也远比一般金属切削加工小。

④加工能量易于控制。特别适合单件小批量的复杂机械零件的制作,能够节约成本,提高加工效率。

特种加工具有其他加工方法无可比拟的优点,已成为机械制造学科中一个重要领域,在现代加工技术中占有越来越重要的地位。本章主要介绍在工程训练过程中需要学习的特种加工工艺——电火花成型加工、电火花线切割加工和激光加工。

11.1 电火花成型加工

11.1.1 电火花成型加工原理

电火花成型加工是在绝缘的液体介质中进行的,如图 11-1 所示,机床的自动进给调节装置使工件和工具电极之间保持适当的放电间隙,当在工具电极和工件之间施加很强的脉冲电压时,可击穿绝缘介质形成火花放电。由于放电区域很小,放电时间极短,能量

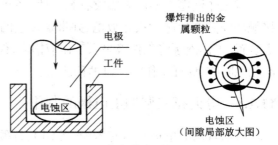

图 11-1　电火花成型加工原理图

高度集中,放电区的温度瞬时高达 10 000~12 000 ℃,使工件表面和工具电极表面的金属局部熔化甚至汽化、蒸发从而达到蚀除金属的效果。

局部熔化和汽化的金属在爆炸力的作用下抛入工作液中,并被冷却为金属小颗粒,然后被工作液迅速冲离工作区,从而使工件表面形成一个微小的凹坑。脉冲电源在放电一次后停止放电,等待介质的绝缘强度恢复后开始下一次脉冲放电。如此反复使工件表面不断被蚀除微小的金属颗粒,工具电极不断地向工件进给,就可以将工具电极的形状"复制"到工件上,达到成型加工的目的。

11.1.2 电火花成型加工机床介绍

电火花成型加工技术作为特种加工领域的重要技术之一,随着人类进入信息化时代,电火花加工技术取得了突飞猛进的发展,从技术发展过程来看,电火花成型加工技术经历了手动电火花成型加工、液压伺服、直流电机、步进电机、交流伺服电机驱动等一系列过程。电火花成型加工机床按控制方式分为:普通手动、双轴数控、多轴数控等形式。其中比较常见的三轴数控电火花成型加工机床主要由机床本体、电气控制柜、主轴头、工作液循环系统四部分组成,如图 11-2 所示。

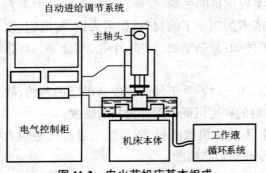
图 11-2　电火花机床基本组成

①机床本体由床身、立柱和工作台构成。床身及立柱是机床的基础支撑部分,主要用来保证电极和工作台、工件的相对位置。工作台则主要用来支撑和装夹工件,普通的电火花成型机床的工作台是叠放在一起的双层工作台,既可以作单一方向的直线运动,也可以在 XY 平面上作复杂的平面曲线运动。

②电气控制柜里面装有主机和电气控制电路及显示屏。主机负责处理和运算不同的控制程序,提供各种波形的脉冲电源。电气控制电路和机床上的位置传感器、步进电机、冷却液泵、照明设备等电气元件相连接,使机床能够按照给定的程序自动加工工件。

③主轴头主要用来装卡工具电极,可以实现在 Z 轴方向的上下移动。目前主轴头的驱动都是采用高性能伺服电机驱动,主轴头的运动精度直接影响加工质量,所以必须有很好的刚度和稳定性,满足响应速度快、分辨率高、无爬行等要求。

④工作液箱主要用来盛放有绝缘性能的液体(一般为燃点较高的火花油),有利于工件在接触的间隙产生脉冲火花放电,并带走多余的热量和蚀除物。工作液箱里面有工作液泵和过虑装置,工作液泵将工作液泵入工作液槽内,保证工件浸没在工作液面以下。过滤装置则可以滤除蚀除物,保证工作液可以循环使用。

11.1.3 电火花成型加工电极的制作

目前常用的电极材料有紫铜(纯铜)、石墨、银钨合金、铜钨合金等。其中石墨电极和紫铜电极最为常见,它们的特点如表 11-1 所示。

表 11-1　紫铜电极与石墨电极优缺点对比

紫铜(纯铜)电极	石墨
①加工过程中稳定性好,生产率高。 ②精加工时比石墨电极损耗小。 ③易于加工成精密、微细的花纹,采用精密加工时能达到 1.25 μm 的表面结构参数。 ④适宜于做电火花加工的精加工电极材料。 ⑤因其韧性大,故机械加工性能差,磨削加工困难	①加工速度快:高速铣粗加工较铜快 3 倍,高速铣精加工较铜快 5 倍。 ②可加工性好,能实现复杂的几何造型。 ③重量轻,密度不足铜的 1/4,电极容易夹持。 ④热稳定性好,不变形,无加工毛刺。 缺点:必须使用专门的石墨加工机床进行加工

电火花成型加工中电极尺寸设计是关键。加工前首先要详细分析产品图纸,确定电火花加工位置;然后根据现有设备、材料、拟采用的加工工艺等具体情况确定电极的结构形式;最后根据不同的电极损耗、放电间隙等工艺要求,对照型腔尺寸进行缩放,同时要考虑工具电极各部位投入放电加工的先后顺序不同,适当补偿电极。图 11-3 是经过损耗预测后对电极尺寸和形状进行补偿修正的示意图。电极的水平尺寸可用下式确定

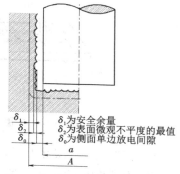

δ_1 为安全余量
δ_2 为表面微观不平度的最值
δ_0 为侧面单边放电间隙

图 11-3　电极尺寸补偿修正示意图

$$a=A \pm Kb$$

式中　a——电极水平方向的尺寸;A——型腔的水平方向的尺寸;K——与型腔尺寸标注法有关的系数,单边 $K=1$,双边 $K=2$,加工凹模为"1",加工凸模为"2";b——电极单边缩放量;$b=\delta_1+\delta_2+\delta_0$(注:$\delta_1$、$\delta_2$、$\delta_0$ 的意义参见图 11-3)。

确定好电极的材料和尺寸后将电极材料装卡在数控加工中心上加工出对应的电极尺寸就可以使用了,为了提高加工效率,保证加工精度,电极都是成对制作的,分为粗电极和精电极两种:粗电极用来开粗,加工速度快;精电极可以保证加工精度,提高工件表面结构参数。

11.1.4　电火花成型加工实际应用

电火花成形加工主要用于电火花穿孔加工和电火花型腔加工。电火花穿孔加工主要用于加工深长比较大的圆孔、方孔、螺旋孔、直径为 0.01~1 mm 的微小孔,另外还经常用来取折断在工件中的丝锥。如图 11-4 所示,攻丝时丝锥断在工件内,普通方法无法取出,这时就可以用电火花穿孔机在丝锥位置竖直打一个小孔,取出折断的丝锥断片,工件上的孔不受影响。

电火花型腔加工主要用于加工各类型腔模具和各类复杂的型腔零件,属于盲孔加工,金属蚀除量大,为了减少成本提高效率,在电火花加工前,应尽量选用铣削加工、线切割加工等工艺对工件轮廓进行预加工,只在机械加工不能

图 11-4　电火花穿孔机取断丝锥

满足要求的情况下(如刀具难以够到的复杂表面,精密小型腔、窄缝、沟槽、拐角,材料硬度很高,规定了要提供火花纹表面等)选择电火花成型加工。如图 11-5 所示,电火花加工型腔时电极和工件可以进行水平(竖直)位置、角度、锥度的相对摇动,从而满足复杂形状的加工需求。

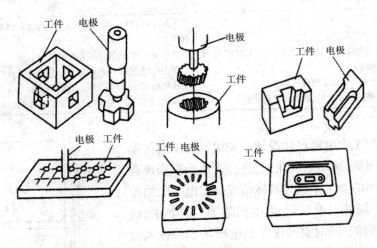

图 11-5 电火花成型加工电极运动方式

电火花加工的局限性如下。

①因为是靠电腐蚀加工,所以相较于机械加工它的加工速度较慢。

②只能加工导电材料,不导电材料如塑料、陶瓷、木头等不能加工。

③因为存在电极损耗和二次放电现象,加工精度受限制。

④最小角半径有限制。一般电火花加工能得到的最小角部半径等于加工间隙(通常为0.02~0.3 mm),若电极有损耗或采用平动、摇动加工,则角部半径还要增大。

11.2 电火花线切割加工

11.2.1 电火花线切割加工原理

电火花线切割加工也简称为线切割加工,是在电火花加工基础上发展起来的。它利用线状钼丝或铜丝作为电极(电极丝接脉冲电源的负极,工件接脉冲电源的正极)在电极丝和工件之间进行脉冲放电。当来一个脉冲电流时,电极丝和工件之间产生一次火花放电。放电通道的中心瞬时温度可达 5 000 ℃以上,高温使工件融化,甚至有少量气化,高温也使电极丝和工件之间的工作液产生气化,这些气化后的工作液和金属蒸汽瞬间迅速膨胀,并具有爆炸的特性。这种热膨胀和局部微爆炸。抛出融化和气化的金属材料,从而现实对工件材料的电蚀切割加工。如图 11-6 所示,储丝筒驱动金属丝对工件进行切割,脉冲电源经导轮将电传给金属丝,在金属丝与工件之间浇注工作液介质,工件在工作台的带动下在水平方向按要求移动,保证金属丝与工件之间的放电间隙,完成工件的切割加工。

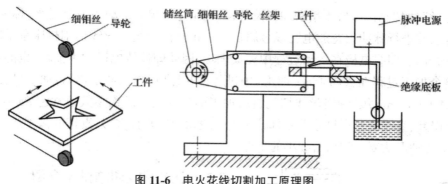

图 11-6　电火花线切割加工原理图

11.2.2　电火花线切割加工分类及加工特点

电火花线切割机床按走丝速度可分为高速往复走丝线切割机(俗称"快走丝")、带"多次切割功能"的高速往复走丝线切割机(俗称"中走丝",属于高速走丝范畴)、低速单向走丝线切割机(俗称"慢走丝")。高速走丝线切割机床和低速走丝线切割机床的对比如表 11-2 所示。

表 11-2　高速走丝线切割机床和低速走丝线切割机床的对比

项　目	高速走丝线切割	低速走丝线切割
走丝速度	7~11 m/s	0.2~15 m/min
走丝方式	循环往复	单向
工作液	线切割乳化液	去离子水、煤油
电极丝材料	钼、钨钼合金	黄铜、镀锌黄铜、钼
电极丝使用次数	重复使用	一次性使用
重复精度	± 0.01 mm	± 0.002 mm
最大切割厚度	800 mm	400 mm

从表中可以看出高速走丝与低速走丝(或快走丝和慢走丝)的叫法是用电极丝的走丝速度来区分的。在日常的机械加工中"快走丝"线切割机床主要使用钼丝高速循环往复运动,切割速度快但切割精度不高,主要用于下料、粗加工等对精度要求不高的场合,作用类似于锯切加工。由于快走丝技术成熟,价格低廉,切割效率高,以及具有加工大厚度的优势,仍在机械加工中占有相当大的的市场份额。

"中走丝"线切割机床的走丝速度为 1~12 m/s,可以根据需要进行调节。走丝原理是在粗加工时采用高速(8~12 m/s)走丝,可提高工作效率。精加工时采用低速(1~3 m/s)走丝,提高加工精度,通过多次切割,减少材料变形及钼丝损耗带来的误差。加工质量介于高速走丝机与低速走丝机之间,是快走丝的升级产品,所以也可以叫"能多次切割的快走丝",其结构简单,造价低,工艺效果好,加上使用过程消耗少,改善了原来快走丝加工质量差的同时,降低了模具的制造成本。

"慢走丝"线切割机床属于精密加工设备,是利用连续单向移动的细金属丝(称为电极丝)作电极,对工件进行脉冲火花放电完成金属切割。正是由于慢走丝线切割机床是采取线电极连续供丝的方式,即线电极在运动过程中完成加工,因此即使线电极发生损耗,也能连续地予以补充,整个加工过程在去离子水(纯水)中进行,同时进行高压冲水排屑,加工过程稳定,加工精度可达 0.001 mm 级,慢走丝线切割机所加工的工件表面结构参数通常达 $Ra=0.12~\mu m$ 以上,且圆度误差、直线误差和尺寸误差都较快走丝线切割机好很多,是真正的精密加工设备,主要用于加工各种形状复杂和精密细小的工件。

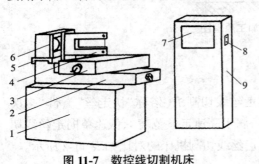

图 11-7 数控线切割机床

1—机床本体;2—十字滑台;3—工作台;4—丝架;
5—储丝筒溜板;6—储丝筒;7—操作面板与显示屏;
8—机床总开关;9—控制柜

11.2.3 中走丝线切割机床介绍

电火花线切割机床由机床本体、脉冲电源、工作液箱及控制系统等组成,如图 11-7 所示。

①机床本体。由床身、十字工作台、走丝机构、丝架和夹具构成。床身是十字工作台、走丝装置、丝架的支承和固定基础,内部常放置工作液循环系统和电源。十字工作台可实现 X/Y 两个相互垂直方向的独立运动,合成平面图形曲线轨迹。走丝装置与丝架使金属丝以一定的速度和张力运动,丝架不仅保证提供金属丝放电间隙,还可使金属丝与工作台垂直或倾斜一定角度进行锥度切割。

②脉冲电源。电火花线切割加工的脉冲电源与电火花成型加工作用的脉冲电源在原理上相同,不过受加工表面结构参数和电极丝允许承载电流的限制,线切割加工脉冲电源的脉宽较窄(2~60),单个脉冲能量、平均电流(1~5 A)一般较小,所以线切割总是采用正极性加工。

③工作液箱。箱内装有一定绝缘性能的工作液,使放电通道局限在很小的半径范围内。工作液循环系统对加工质量影响较大。工作液应具有良好的洗涤性能和冷却性能,达到良好排屑和防止金属丝烧断及工件表面局部退火的作用。加工过程中,充分地、连续地向切割区内提供足够的、清洁的工作液,排出电蚀物,冷却工件和金属丝,控制放电通道稳定,是保证线切割顺利 进行的关键。

④控制系统。控制系统是进行线切割加工的重要环节,按控制方式可分为手动、靠模仿型、光电跟踪和数字程序控制等。数字程序控制线切割的原理是把图样上零件的形状、尺寸等参数按一定要求和加工顺序编写成程序指令,通过键盘或 U 盘等介质输入计算机,计算机根据指令控制伺服电机驱动工作台移动,使工件相对金属丝作要求的轨迹运动,从而切割出所要求的工件形状。

11.2.4 中走丝线切割加工工艺过程

①如图 11-8 所示,根据图纸尺寸及工件的实际情况来计算坐标点并编程,或采用自动编程方法编出程序。在编程工艺安排上,应考虑工件的装夹方法,如在加工跳步模的凹模时,应先加工较小的型孔,再加工较大的型孔,以避免最后加工小孔时将孔距误差带到小孔上,形成

小孔的穿丝预孔不在小孔有效范围内,从而导致无法加工的现象。此外,当采用编程补偿时,还应检查实际钼丝的直径。在数控线切割加工中,由于数控装置所控制的是电极丝中心的行走轨迹,而实际加工轮廓却是由丝径外围和被切金属间产生电蚀作用而形成的这和数控铣床加工轮廓时需考虑刀具半径补偿一样,线切割加工时也必须考虑这一尺寸偏差,这在线切割加工中称之为线径补偿量。其值通常为:$f=$ 丝半径+单边放电间隙(+精加工余量)。

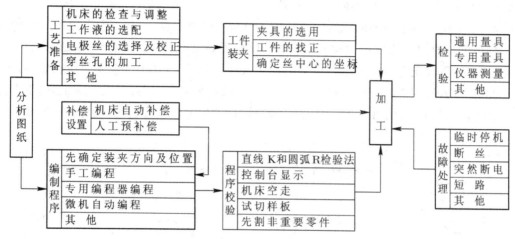

图 11-8　中走丝线切割加工工艺过程图

②将编好的程序输入到机床数控装置中,目前程序的编制有三种:a. 在机床上利用二维绘图软件 CAD 按照切割轨迹绘制图纸;b. 在其他电脑上提前绘制好图纸保存成 DWG 格式用磁盘考入控制柜电脑中进行编辑。c. 简单切直线或者斜线可以直接输入坐标值进行加工不需要编制程序,程序编好后应该进行模拟加工或者空程校对程序。

③工件的装夹。把工件装夹在机床的十字拖板上,必须注意装夹位置,使加工型孔与图纸要求及编程安排相符。工件坯料上应根据需要,在适当的位置上预先打好穿丝孔。穿丝孔及引入引出线应安排在废料位置处。支撑装夹方法如下。

a. 悬臂支撑式。该方法通用性强,装夹方便。但由于工件单端压紧,另一端悬空,因此工件底部不易与工作台平行,所以易出现上仰或倾斜致使切割面与工件上下平面不垂直或达不到预定的精度。只用于要求不高或悬臂较小的情况。

b. 两端支撑式(如图 11-9(a)所示)。其支撑稳定,平面定位精度高,工件底面与切割面垂直度好,但对于较小的零件不适用。

c. 桥式支撑式(如图 11-9(b)所示)。采用两块支撑垫铁架在双端夹具体上。其特点是通用性强,装夹方便,大、中、小工件装夹都比较方便。

④将钼丝盘安装在上丝电机轴上,接通上丝电机电源,将钼丝顺次通过导电块、上挡丝块、上导轮、工件上的穿丝预孔、

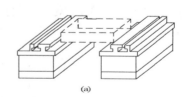

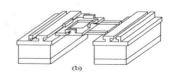

图 11-9　工件支撑装夹方法
（a）两端支撑；（b）板式支撑

145

下导轮、下挡丝块,再引到储丝筒上,固定在储丝筒一端的螺钉上。开启上丝电机电源开关,此时钼丝被张紧,调节机床上的电压旋钮,使张紧力适中;用手柄摇动储丝筒,使钼丝顺次绕上储丝筒;到所需的钼丝长度后,关闭电源,掐断钼丝,固定于储丝筒另一端的螺钉上。调节储丝筒下面的两个换向开关,保证储丝筒轴向行走的行程在丝长范围内,以防因惯性而拉断钼丝。绕丝时,钼丝应尽量置于储丝筒的中间部位,并注意不能出现叠丝现象。

如图 11-10 所示,找正块使用一次后,其表面会留下细小的放电痕迹。下次找正时,要重新换位置,不可用有放电痕迹的位置碰火花校正电极丝的垂直度。在精密零件加工前,分别校正 U、V 轴的垂直度后,需要再检验电极丝垂直度校正的效果。具体方法是:重新分别从 U、V 轴方向碰火花,看火花是否均匀,若 U、V 方向上火花均匀,则说明电极丝垂直度较好;若 U、V 方向上火花不均匀,则重新校正,再检验。在校正电极丝垂直度之前,电极丝应张紧,张力与加工中使用的张力相同。在用火花法校正电极丝垂直度时,电极丝要运转,以免电极丝断丝。

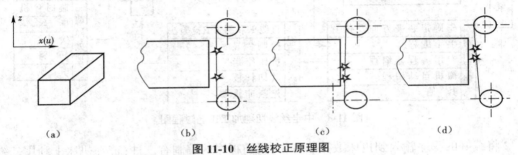

图 11-10　丝线校正原理图
(a)找正块;(b)垂直度较好;(c)垂直度较差(右倾);(d)垂直度较差(左倾)

为了消除电极丝带来的影响,除要选择锻造性能好、淬透性好、热处理变形小的材料外,在线切割加工工艺上也要作合理安排。例如,图 11-11 所示的切割路径规划图,图(a)的切割路线是错误的,按此加工,切割完前几段线后,继续加工时,由于原来主要连接的部位被割离,余下的材料与夹持部分连接较少,工件刚度大为降低,容易产生变形,从而影响加工精度。按图(b)的切割路线加工,可减少材料割离后残余应力重新分布而引起的变形,所以最好将工件与其夹持部分分割的线段安排在切割总程序的末端。对精度要求较高的零件,最好采用图(c)的方案,电极丝不由坯料的外部切入,而是将切割起点取在坯件预制的穿丝孔中。

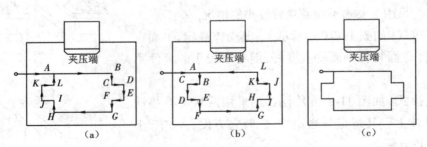

图 11-11　线切割路径规划图

⑤调节好换向开关的位置,开启走丝电机,检查走丝情况,并注意对钼丝的预紧。

⑥进行起始位置的调整操作,如对中心、找端面等。记下起始位置的 X、Y 坐标值,以便在应急处理和检查时用。对于切割孔类工件,为减少变形,可采用两次切割法,第一次粗加工型孔,周边留余量 0.1~0.5 mm,以补偿材料应变后的变形。第二次切割为精加工,这样可达到较满意的效果。为更好地避免切割大孔形时产生尖角应力开裂,可用其他加工方法对型孔预先进行镂空处理,同时对尖角处添加过渡圆。

如图 11-12 所示,所谓自动找中心,就是让电极丝在工件孔的中心自动定位。此法是根据线电极与工件的短路信号来确定电极丝的中心位置。数控功能较强的线切割机床常用这种方法。

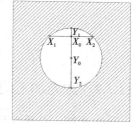

图 11-12　自动找中心原理图

⑦开启机床电源和走丝电动机、水泵电动机,再开启高频电源;接着开启控制台的进给开关,检查步进电机是否吸住,并复查十字拖板起点的 X、Y 坐标值。然后,把控制台变频粗调在"自动"一边,开启控制台加工开关,调整变频细调和机床电压,使机床切割状态稳定后开始正式加工。

⑧加工结束后,先后关闭加工开关、高频电源、水泵电动机和走丝电动机,并检查加工结束时十字拖板的 X、Y 轴向坐标值;封闭加工时应与起点坐标值一致。在加工多孔模或内外都要切割的凸凹模时,切割好一个型孔后,应先将钼丝松下,然后控制机床走到下一个型孔的起始位置,再穿上钼丝,进行下一个型孔的加工。如此直至全部型孔都加工完毕,最后拆下工件进行检查。

11.3　激光加工

激光加工属于高能及高能粒子加工,它是利用被聚集到加工部位上的高能密度射束去除工件上多余的材料,是微细加工的重要手段,有着极为广泛的应用前景,是机械制造工艺的发展方向。

11.3.1　激光加工的基本原理

激光是一种亮度高、方向性好、单色性好的相干光。由于激光发散角小和单色性好,通过一系列的光学系统,理论上可以聚焦到尺寸与光的波长相近的小斑点,加上亮度高,其焦点处的功率可达 $10^8 \sim 10^{10}$ W/cm^2,温度可高达一万摄氏度以上。在此高温下,任何坚硬的材料都将瞬时急剧熔化和气化,并产生很强烈的冲击波使熔化物质爆炸式地喷射去除。激光加工就是利用这种原理进行打孔、切割的。图 11-13 是采用固体激光器的加工原理示意图。

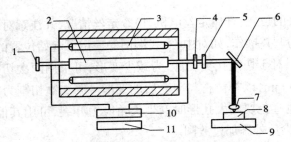

图 11-13 固体激光器的加工原理图

1—全反射镜;2—工作物质;3—光泵;4—部分反射镜;
5—光阑;6—分色镜;7—透镜;8—工件;9—工作台;10—电源控制部分;11—控制盒

11.3.2 激光加工的特点及适用范围

激光加工几乎对所有的金属材料和非金属材料都可以加工;加工速度快,易于实现自动化生产,同时热变形很小;加工时不存在机械加工变形。激光加工通常可完成以下几种工艺。

1. 激光打孔

激光打孔是利用激光焦点处的高温,使材料瞬时熔化、气化,气化物以超音速射出来后,它的反冲击力在工件内部形成一个向后的冲击波,将熔化物质喷射出去而成孔。激光打孔生产率高,特别适合对高强度、高硬度难加工材料(如金刚石、宝石等)进行打孔。目前多用于金刚石拉丝模、钟表宝石轴承、化纤喷丝头等零件的小孔加工。

2. 激光切割

激光切割与打孔的原理相同。激光可以切割各种硬和软的金属或非金属材料,如陶瓷、玻璃、有机玻璃、布、纸、橡胶、木材等材料。切割效率高且切缝很窄,若与数控机床配合,可十分方便地切割出各种曲线形状。激光切割目前广泛用于各种形状复杂的零件、窄缝、栅网等,在大规模集成电路制作中,可用激光切片。

3. 激光焊接

激光焊接是在极短时间内使焊接部位达到熔点后,而使金属熔融在一起。激光焊接无需焊条且操作简单,焊缝窄,熔池深,热影响区小,强度高。由于焊接时间短工件变形量少,特别适于焊接薄壁零件。

4. 热处理

激光热处理是用激光对金属工件表面进行扫描,使工件表面在极短的时间内被加热到相变温度,且加热后冷却速度极快,使零件表面形成若干超级淬火区,其表层不易被一般腐蚀剂侵蚀。激光热处理可使铸铁、中碳钢硬度达 60HRC 以上,可使高速钢硬度达 70HRC 以上。

11.3.3 激光切割的原理

1. 激光切割原理

激光切割是将激光束的能量转变成热能实现切割的方法。激光切割时,把激光器作为光源,通过反射导光,聚焦透镜聚焦光束,以很高的功率密度照射被加工的材料,材料吸收光能转变为热能,使材料熔化、气化,把材料穿透,激光束等速移动而产生连续切口。

2. 激光雕刻机

激光雕刻机系统如图 11-14 所示,由五个基本部件构成:控制面板、CPU、直流电源、激光管装置和运行系统。

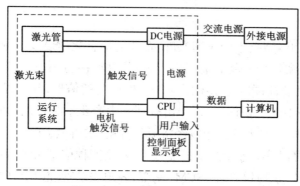

图 11-14　激光雕刻机系统组成

① DC(直流)电源是将交流电转化为 48 V 直流电,用来给激光管装置和 CPU 供电。

②CPU 是系统的大脑,控制系统内所有部分。CPU 从计算机和控制面板那里获得数据,输出精确的时控信号,同步点燃激光束和启动运行系统。

③控制面板是由触感按钮和一个液晶显示器组成。通过这个面板,操作者可能将运动系统定位,在液晶显示板上的菜单系统中移动,并运行激光系统。

④激光管是将电能转化为具有能量可控的光能发生器。

⑤运行系统如图 11-15 所示,由轨道、发动机、支架、皮带、镜片、一个透镜和其他构件组成,系统运行有两个方向,左右运动称为"X"方向,前后运动称为"Y"方向。

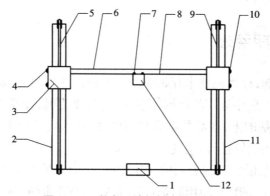

图 11-15　激光系统机械运行系统图

1—Y 轴电机;2—Y 轴导轨;3—#2 反射镜;4—Y 轴滚轮;5—Y 轴皮带;
6—X 轴导轨;7—X 轴滚轮;8—X 轴皮带;9—Y 轴皮带;10—Y 轴滚轮;
11—Y 轴导轨;12—#3 反射镜和对焦透镜

第 12 章　数字化设计制造

随着计算机技术和网络技术的飞速发展,企业的信息化建设成为制造型企业谋求发展的重要途径,企业信息化实质上是将企业的生产过程、物料移动、事务处理、现金流动、客户交互等业务过程数字化,通过各种信息系统网络加工生成新的信息资源,提供给各层次的人们洞悉、观察各类动态业务中的一切信息,以作出有利于生产要素组合优化的决策,使企业资源合理配置,以使企业能适应瞬息万变的市场经济竞争环境,求得最大的经济效益。

企业信息化基本可以分为四个主要的业务领域,由四种信息系统所代表。它们分别是:企业资源规划(ERP)系统,供应链管理(SCM)系统,客户关系管理(CRM)系统和产品生命周期管理(PLM)系统。这四种信息系统的有机结合,构成了企业信息化的重要组成部分。而产品生命周期管理系统是企业产品设计与制造的核心管理系统。

企业中数字化技术与机械产品设计制造过程的深度融合成为发展的关键环节,很多大型企业已全面推行数字化设计与制造技术,通过产品生命周期管理平台,将企业产品的研发、设计、制造、仓储、物流、销售、报废等过程全面信息化,使产品数据信息在企业内高速循环。该模式可促进传统产业的技术更新,加快新产品开发的速度,减少研发与生产成本,从而扩大企业的核心竞争优势。

数字化设计与制造技术是制造型企业向网络化和虚拟化技术发展的基础,它使传统制造业变成了智慧型的工业,将企业以往主要通过资源要素(如劳动力、设备、资金等)的竞争逐渐变为以创新能力为焦点的竞争。

12.1　产品生命周期管理

从 20 世纪 80 年代起,计算机技术开始应用于工程设计与制造领域,由此产生了大量的电子图文档、技术文档、加工程序等产品数据信息,如何有效使用、管理、发布相关数据,成为企业关注的重点。在此需求基础上,产品数据管理(PDM)技术应运而生。产品数据管理(PDM)是一门管理所有与产品相关信息、相关过程的技术。

20 世纪 90 年代后期,随着跨国公司的飞速发展,企业开始了全球化进程,单纯的 PDM 技术无法满足产品开发、生产、销售、使用的全过程需求。PDM 走向了产品生命周期管理(PLM)发展阶段。

国际咨询公司 CIM data 对于产品生命周期管理(Product Life-Cycle Management, PLM)的定义为 PLM 是企业的一种战略性业务模式,它提供一整套业务解决方案,有效地集成企业内部的人、过程、信息,支持在扩展企业内创建、管理、分发和使用覆盖产品全生命周期的信息。PLM 涵盖了产品从概念到产品,再到推向市场,最后报废的全过程。

12.1.1 产品生命周期管理的基础功能

PLM 是数字化产品设计与制造的数据管理平台,它包含了 PDM 的相关功能,也将功能扩展到了产品批量生产后的产品维护到退市报废的全过程。

PLM 的基本功能包括:文档管理、产品结构管理、工作流管理、更改管理、项目管理等。

1. 文档管理

文档管理是指利用电子仓库来管理存储于异构介质上的产品电子数据文档。文档管理模块可以对产品研发、设计、制造、销售等过程中产生的所有数据模型进行管理,如三维模型、工程图纸、技术说明书、CAE 文档、需求说明书、工艺文件等。通过文档管理,可将产品数据依照其层级结构进行划分,多层级文件之间可实现联系与控制。并且可自定义不同文件的处理权限,来保证产品数据的完整性与安全性。管理平台以 Web 框架为基础,用户可通过网络快速有效地对信息进行访问,最大程度地实现以产品数据为核心的信息共享。

2. 产品结构管理

产品结构管理是指以电子仓库为底层支持,以材料清单(BOM)为其组织核心,对产品对象及其相互之间的联系进行维护和管理。根据用户的个性化需求,采取相应的配置规则进行产品配置,该模块能够使企业的各个部门在产品的整个生命周期内共享统一的产品结构或配置结果。

3. 工作流管理

工作流是指面向某类或某几类数据对象的多个过程的有序组合,亦即用以定义和控制数据操作的基本过程。工作流管理是指根据企业实际的运营模式建立起产品数据在企业中的流动顺序,该模块可实现产品的设计与修改过程的跟踪与控制、工程数据的监视审批、文档的分布控制等功能,使用户在一个灵活的过程管理构架中积极指导和监控产品开发过程。

4. 项目管理

项目管理作为 PLM 系统中的一个重要功能,与专业的项目管理系统相比,有其自身的一些优势,它不仅能对项目文档进行管理,而且能够执行进度计划管理、任务跟踪和资源调配等功能。项目管理模块可以将 PLM 系统中产品结构管理模块、工作流和过程管理模块、用户管理模块、变更管理模块和协同工作平台等几个部分有机地结合起来,实现人员、数据、资源在时间维度上的有效分配,从而提高项目运行效率。

12.1.2 产品生命周期管理的软件平台

企业信息化技术的发展需求,促使很多公司推出了产品生命周期管理软件平台。Windchill 是 PTC 公司推出的一套集成应用软件(图 12-1),用来管理产品和工序的整个生命周期。其核心部分为 PTC Windchill PDM Link,基于 Web 的产品数据管理(PDM)系统,它支持地理位置分散的团队进行关键过程的管理,如数据共享、内容变更和配置管理等。企业或扩展的供应链中任何地方的任何人都能通过使用 PTC Windchill PDM Link 中的工具进行沟通和协作。Windchill 主要功能涉及图文档管理、产品结构管理、生命周期管理、工作流程管理、工程变更管理、零部件分类及重用管理、项目管理、制造过程(工艺)管理、供应商管理、用户需求管理等全部产品生命周期领域。

图 12-1　Windchill 软件界面

12.2　三维建模

三维建模是指利用制图软件在虚拟环境下,建立空间三维模型的过程。与传统的二维建模设计过程不同,三维建模是以三维模型设计为核心,并结合产品设计需求而形成的一套解决方案,它更适用于产品研发设计过程。

12.2.1　三维建模基础

数字化设计是数字化技术和产品设计相互融合的产物,而三维建模技术便是其中的重要组成部分。三维建模设计不同于二维绘图设计。二维绘图设计在一个平面上即可完成,而三维建模设计是在三维空间中进行,建立的模型具有长度、高度、宽度三个方向的尺寸。在三维建设计中,首先建立在工作空间的坐标系(包括原点,坐标轴和基准平面),然后在草绘平面模型的特征面或扫描轨迹,并根据参照平面放置特征截面的各种图形元素,对二维平面进行拉伸、旋转、扫描等操作,可生成三维模型的基础特征。特征是构成三维模型的基础,广义的特征是指产品开发过程中各种信息的载体,如零件的几何信息、拓扑信息、几何公差、材料、装配等;狭义的特征是指由具有一定拓扑关系的一组实体元素构成的特定形体。

产品建模技术经历了线框建模、曲面建模、实体建模、特征建模、参数化建模等几个阶段。目前各大软件公司普遍采用的是参数化特征建模,将参数化造型的思想应用于特征造型过程中,采用尺寸驱动或变量设计方法定义特征并完成相关操作。使用参数化建模软件,设计人员在更新或修改产品模型时,无须关心几何元素之间原有的约束条件,可以根据需要动态地、创造性地开展新产品设计。

12.2.2　三维建模软件

目前国外产品三维建模软件主要有 Creo、NX、CATIA、SolidWorks 等;国内也有很多公司开发了相应的产品,包括 CAXA 3D、中望 3D 等。

Creo 是整合了三个软件 Pro/Engineer 的参数化技术、CoCreate 的直接建模技术和 Product-View 的三维可视化技术的新型 CAD 设计软件包。适用于 Creo Elements/Pro（原 Pro/ENGI-NEER）中强大的三维参数化建模功能。扩展提供了更多无缝集成的三维 CAD/CAM/CAE 功能。PTC 软件界面如图 12-2 所示。

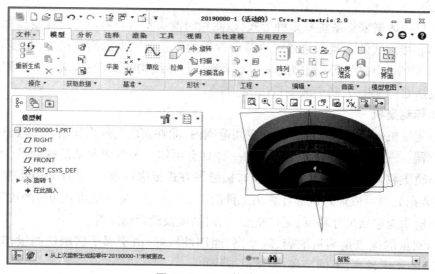

图 12-2　PTC 软件界面

12.3　逆向工程

逆向工程又称逆向技术，是一种产品设计技术的再现过程，即对一项目标产品进行逆向分析及研究，从而演绎并得出该产品的处理流程、组织结构、功能特性及技术规格等设计要素，以制作出功能相近又不完全一样的产品。

逆向设计以设计方法学为指导，以现代设计理论、方法、技术为基础，运用各种专业人员的工程设计经验、知识和创新思维，对已有的产品进行解剖、分析、重构和再创造，在工程设计领域，它具有独特的内涵，可以说它是对设计的设计。它是将原始物理模型转化为工程设计概念和产品数字化模型，为提高工程设计、加工分析的质量和效率提供充足的信息，也为充分利用 CAD/CAE/CAM 技术对已有产品进行设计服务。

12.3.1　逆向工程的基本步骤

逆向工程一般包括以下步骤：
①数据采集；
②零件三维模型数据处理；
③三维模型构建与校准；
④逆向样品制作；
⑤正向逆向样品对比修正。

其中逆向数据的采集和逆向数据模型的建立是逆向工程中的核心环节。

12.3.2　逆向数据采集

逆向数据采集是指通过特定的测量方法和设备，将物体表面形状转换成几何空间坐标点集，从而得到逆向建模以及尺寸评价所需数据的过程。

目前常见的数据采集系统有多种形式，以测量时测头是否与被测零件接触，将测量方法分为接触式和非接触式两大类。接触式测量中常见的设备有三坐标测量机等；非接触式测量则主要以光学、声学、电磁学等技术为基础，光学测量包括结构光测距法、激光干涉测量法等，非光学测量包括 CT 测量法、超声波测量法等。

1. 三坐标测量机

三坐标测量机是指在一个六面体的空间范围内，能够表现几何形状、长度及圆周分度等测量能力的仪器。三坐标测量机又可定义为一种具有可作三个方向移动的探测器，可在三个相互垂直的导轨上移动，此探测器以接触或非接触等方式传递信号，三个轴的位移测量系统（如光栅尺）经数据处理器或计算机等计算出工件的各点(x,y,z)及各项功能测量的仪器。三坐标测量机的测量功能包括尺寸精度、定位精度、几何精度及轮廓精度等。

三坐标测量的优点是测量准确、效率高、通用性较好，由于属于接触性测量，对于测量对象、测量环境的要求较高，不便携带，测量范围较小。

2. 激光扫描仪测量系统

三维激光扫描测量是近年来出现的新技术，它是利用激光测距的原理，通过记录被测物体表面大量的密集的点的三维坐标、反射率和纹理等信息，可快速复建出被测目标的三维模型以及线、面、体等各种图形数据。三维激光扫描系统包含数据采集的硬件部分和数据处理的软件部分。按照载体的不同，三维激光扫描系统又可分为机载、车载、地面和手持型等几类。按照测距原理分为脉冲法激光测距、激光相位测距和激光三角法测距。

12.3.3　逆向建模技术

逆向建模需要的产品外形数据是通过相应的测量设备来或缺的，获得的产品外形数据不可避免地会有数据误差或是缺损，所以逆向建模前需要对数据进行预处理，以获得令人满意的数据。一般需要进行预处理的工作包括异常点处理、孔洞修复、数据光滑、数据精简等。然后将处理完成的数据导入到相应的逆向设计软件中，利用点云数据构造曲线，对曲线进行平滑处理后，利用曲线和点云构造曲面，并从起点处建立与邻近元素的连续性，通过曲面融合构建出三维实体，实体模型以 IGES、VDA-FS、DXF 或 STL 格式输出。

常用的逆向设计软件包括 Imageware 软件、Geomagic Studio 软件、Creo 软件等。

12.4　增材制造

增材制造（Additive Manufacturing，AM）俗称 3D 打印，它融合了计算机辅助设计、材料加工与成型技术，以数字模型文件为基础，通过软件与数控系统将专用的金属材料、非金属材料以及医用生物材料,按照挤压、烧结、熔融、光固化、喷射等方式逐层堆积,制造出实体物品的制造技术。与传统的对原材料去除、切削、组装的加工模式不同,增材制造是一种"自下而上"通过材料累加的制造方法,从无到有。

基本过程是首先设计出所需零件的计算机三维模型(数字模型、CAD 模型),然后根据工艺要求,按照一定的规律将该模型离散为一系列有序的单元,通常在 Z 向将其按一定厚度进行离散(习惯称为分层),把原来的三维 CAD 模型变成一系列的层片;再根据每个层片的轮廓信息输入加工参数,自动生成数控代码。最后由成型机成形一系列层片并自动将它们联接起来,得到一个三维物理实体。这样就将一个复杂的三维加工转变成一系列二维层片的加工,因此大大降低了加工难度,这也是所谓的降维制造。

12.4.1　增材制造的典型工艺方法

1. 光敏液相固化法(Stereo Lithography,SL)

SL 又称为立体印刷和立体光刻,有时也称为 SLA(Stereo Lithography Apparatus)。SL 工艺是基于液态光敏树脂的光聚合原理工作的。在树脂液槽中盛满液态光敏树脂,它在紫外激光束的照射下会快速固化。成型过程开始时,可升降的工作台处于液面下一个截面层厚的高度,聚焦后的激光束,在计算机的控制下,按照截面轮廓的要求,沿液面进行扫描,使被扫描区域的树脂固化,从而得到该截面轮廓的塑料薄片。然后,工作台下降一层薄片的高度,已化的塑料薄片就被一层新的液态树脂所覆盖,以便进行第二层激光扫描固化,新固化的一层牢固地粘结在前一层上,如此重复,直到整个产品成型完毕。最后升降台升出液体树脂表面即可取出工件,最后进行清洗和表面光洁处理,即可得到一个三维实体模型叠层实体制造。

2. 分层实体制造法(Laminated Object Manufacturing,LOM)

LOM 也称叠层实体制造,是几种最成熟的 RPM 技术之一。它是采用背面带有粘胶的箔材或纸材等片材,通过相互粘结而成的。加工时根据三维 CAD 模型每个截面的轮廓线,在计算机控制下,发出控制激光切割系统的指令,使切割头作 X 和 Y 方向的移动。供料机构将底面涂有热熔胶的箔材一段段地送至工作台的上方。激光切割系统按照计算机提取的横截面轮廓用二氧化碳激光束对箔材沿轮廓线将工作台上的纸割出轮廓线,并将纸的无轮廓区切割成碎片。然后,由热压机构将一层层纸压紧并粘合在一起。可升降工作台支撑在成型的工件上,并在每层成型之后降低一个纸厚,以便送进、粘合和切割新的一层纸。最后形成由许多小废料块包围的三维原型零件。然后取出,将多余的废料小块去除,最终获得三维产品。

3. 选区激光烧结法(Selective Laser Sintering,SLS)

SLS 法采用红外激光器作为能源,使用的造型材料多为粉末材料。在开始加工前,先将充有氮气的工作室升温,并保持在粉末的熔点以下。成型时,送料筒上升,铺粉滚筒移动,先在工作平台上铺一层粉末材料,然后激光束在计算机控制下按照截面轮廓对实心部分所在的粉末进行烧结,使粉末熔化继而形成一层固体轮廓。第一层烧结完成后,工作台下降一截面层的高度,再铺上一层粉末,进行下一层烧结,如此循环,形成三维的原型零件。

4. 熔融沉积成型法（Fused Deposition Modeling, FDM）

熔融沉积成型法是一种不依赖激光作为成型能源而将各种丝材加热熔化的成型方法，其原理如图 12-3 所示。熔融挤出的成型工艺材料一般是热塑性材料（蜡、ABS、PC、尼龙等），以丝状供料。材料在喷头内加热熔化。喷头沿零件截面轮廓和填充轨迹运动，同时将熔化的材料挤出，材料迅速固化，并与周围的材料粘接。每一个层片都是在上一层上堆积而成，上一层对当前层起到定位和支撑作用。随着高度的增加，片层轮廓的面积和形状都会发生变化，当形状发生较大的变化时，上层轮廓就不能给当前层提供充分的定位和支撑作用，这就需要设计一些辅助结构支撑，对后续层提供定位和支撑，以保证成形过程的顺利实现。这种工艺不用激光，使用维护简单，成本较低。用蜡成型的零件原型，可以直接用于消失模铸造。用 ABS 制造的原型具有较高强度，因而在产品设计、测试与评估等方面得到广泛应用。近年来又开发出 PC、PC/A 等更高强度的成型材料，使得该工艺有可能直接制造功能性零件。由于这种工艺具有一些显著优点，所以近年来该工艺发展极为迅速。图 12-4 为小型 3D 打印机。

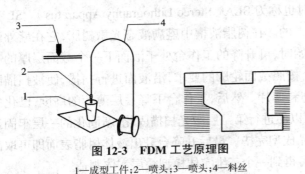

图 12-3　FDM 工艺原理图

1—成型工件；2—喷头；3—喷头；4—料丝

图 12-4　小型 3D 打印机

12.4.2　增材制造的主要步骤

①使用三维建模软件（图 12-5）或是通过逆向设计数据建立产品的三维模型，并输出 STL 格式的实体模型，模型精确程度决定了增材制造出的成品质量。

②启动增材制造设备，点击"初始化"按钮，对设备进行初始化操作。

③将 STL 格式模型导入到 UP Studio 软件中，确定打印参数，包括填充率、层厚、高度补偿系数、支撑材料等。软件会依照参数要求，确定支撑结构和产品打印时间等。

④确认无误后，点击"开始"，制作模型。

⑤模型建立完成后，取出成品模型（图 12-6）。

图 12-5　3D 打印操作界面

图 12-6　3D 打印成品

12.5　智能制造

智能制造(Intelligent Manufacturing，IM)是一种由智能机器和人类专家共同组成的人机一体化智能系统,它在制造过程中能进行智能活动,诸如分析、推理、判断、构思和决策等。通过人与智能机器的合作共事,去扩大、延伸和部分地取代人类专家在制造过程中的脑力劳动。它把制造自动化的概念更新扩展到柔性化、智能化和高度集成化。

为加快推动智能制造在我国的发展,工业及信息化部发布了的《"十四五"智能制造发展规划》。该规划明确指出,智能制造是基于新一代信息技术与先进制造技术深度融合,贯穿于设计、生产、管理、服务等制造活动各个环节,具有自感知、自决策、自执行、自适应、自学习等特征,旨在提高制造业质量、效益和核心竞争力的先进生产方式。"十四五"期间,我国将加强智能制造关键核心技术、系统集成技术的攻关,加快创新网络的建设,同时开展智能制造示范工厂的建设,鼓励地方创新完善政策体系,探索各具特色的区域智能制造发展路径。相信在不久的将来,我国的制造业将迈向全球中高端行列。

第 13 章　机电综合

13.1　流体传动及控制

13.1.1　气压传动

1.气压传动系统工作原理

气压传动简称气动,是指以压缩空气为工作介质来传递动力和控制信号,控制和驱动各种机械和设备,以实现生产过程机械化、自动化的一门技术。因为以压缩空气为工作介质具有防火、防爆、防电磁干扰、抗振动、抗冲击、抗辐射、无污染、结构简单、工作可靠等特点,所以气动技术与液压、机械、电气和电子技术,相互补充,已发展成为实现生产过程自动化的一个重要手段,在机械工业、冶金工业、轻纺工业,食品工业、化工、交通运输、航空航天、国防建设等各领域已得到广泛的应用。

气压传动系统的工作原理是利用空气压缩机将电动机或其他原动机输出的机械能转变为空气的压力能,然后在控制元件的控制和辅助元件的配合下,通过执行元件把空气的压力能转变为机械能,从而完成直线或回转运动并对外作功。

2.气压传动系统组成

气压传动系统由以下部分组成。

①气压发生装置是将原动机输出的机械能转变为空气的压力能。其主要设备是空气压缩机。

②控制元件用于控制压缩空气的压力、流量和流动方向,以保证执行元件具有一定的输出力和速度,并按设计的程序正常工作。如压力阀、流量阀、方向阀和逻辑阀等。

③执行元件是将空气的压力能转变为机械能的能量转换装置。如气缸和气动马达。

④辅助元件是用于辅助保证气动系统正常工作的一些装置。如过滤器、干燥器、消声器和油雾器等。

3.气压传动的特点

气压传动系统的主要优点:空气随处可取,用后可直接排入大气,对环境无污染,处理方便;因空气黏度小(约为液压油的万分之一),在管内流动阻力小,压力损失小,便于集中供气和远距离输送;即使有泄漏,也不会像液压油一样污染环境;空气具有可压缩性,使气动系统能够实现过载自动保护,也便于使用储气罐储存能量,以备急需;排气时气体因膨胀而温度降低,因而气动设备可以自动降温,长期运行也不会发生过热现象。

气压传动系统的主要缺点:空气具有可压缩性,当载荷变化时,气动系统的动作稳定性差;工作压力较低,又因结构尺寸不宜过大,因而输出功率较小;气动信号传递的速度比光、电子速度慢,故不宜用于要求高传输速度复杂的回路中;排气噪声大,需加消声器。

4.气动实验台介绍

气动实验台覆盖了气压传动、传统继电器控制、PLC 自动控制、传感器应用等多项技术,是气动技术和控制技术的结合。因此,该实验台可用于气动实验教学、气动控制技能实训,以及气动与传感器技术综合实训。主要特点:覆盖面广,模块化设计,方便实用,采用工业化元件,低噪音,可扩展实验,易维护,多种控制方式,系统安全性高。实验台如图 13-1 所示。

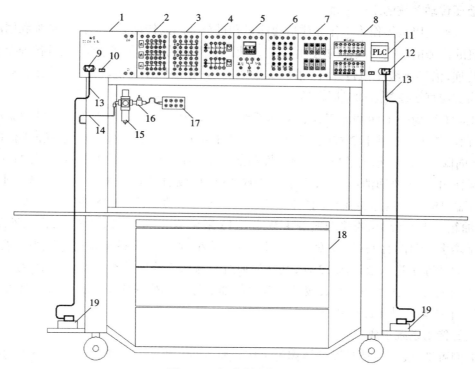

图 13-1　气动实验台示意图

1—电源模块;2—电信号开关模块;3—继电器模块;4—时间继电器模块;5—计数继电器模块;6—PLC 输入模块;7—PLC 输出模块;
8—PLC 主机模块;9—实验台主电源插孔;10—实验台主电源开关;11—PLC 主机;12—PLC 模块电源插孔;13—导线;14—气管;
15—过滤调压组合;16—二位三通手阀;17—分气块;18—元件存放抽屉;19—AC220 V 供电插座

实验台由实验台架、工作泵站、气动元件、电气控制单元等几部分组成。

①实验台架是实验台的基础结构,装有电气模块、元件柜、电控箱、工具柜等,面板上的"T"型沟槽可方便随意的安装气动元件、传感器等。

②工作泵站主要指空气压缩机,具体参数包括:电源为 AC220 V/50 Hz;功率为 1 120 W;流量为 204 L/min;储气罐容积为 24 L;额定排气压力为 0.7 MPa。

③气动元件包括气动执行元件、电磁换向阀、气控换向阀、逻辑阀等多种气动元器件。每个气动元器件全部安装气动快速接头,回路拆接方便快捷。

④电气控制单元分为以下部分。a. 电源模块:输入为 AC220 V/50 Hz,输出为 DC24 V;b. 开关模块:各种按钮开关接头均安装于面板上,方便连接,包括 2 个点动按钮,1 个长动按钮;c. 继电器模块:4 组继电器,线圈电压为 DC24 V;d. 时间继电器模块:2 组时间继电器,每组

为 2 组常开、2 组常闭继电器输出形式,线圈电压为 DC24 V;e. 计数继电器模块:1 计数端、1 复位端、1 组常开触点、1 组常闭触点,供电电源为 DC24 V;f. 可编程控制器(PLC)模块:20 点 I/O 口,其中 12 输入、8 输出,继电器输出形式;g. 电气控制保护模块:电气线路设有短路保护、过载保护等功能。

13.1.2　液压传动

1. 液压传动系统的工作原理

液压传动是以液体作为工作介质传递能量和进行控制的传动方式。液压系统利用液压泵将原动机的机械能转换为液体的压力能,通过液体压力能的变化传递能量,经过各种控制阀和管路的传递,借助于液压执行元件(液压油缸或马达)把液体压力能转换为机械能,从而驱动工作机构实现直线往复运动或回转运动。

图 13-2(a)为一平面磨床工作台液压系统工作原理图。液压泵 4 在电动机的驱动下旋转,油液由油箱 1 经过滤器 2 被吸入液压泵,由液压泵输入的压力油通过手动换向阀 10、节流阀 13、换向阀 15 进入液压缸 18 的左腔,推动活塞 17 和工作台 19 向右移动,液压缸 18 右腔的油液经换向阀 15 排回油箱 1。如果将换向阀 15 转换成如图 13-2(b)所示的状态,则压力油进入液压缸 18 的右腔,推动活塞 17 和工作台 19 向左移动,液压缸 18 左腔的油液经换向阀 15 排回油箱。工作台 19 的移动速度由节流阀 13 来调节。当节流阀开大时,进入液压缸 18 的油流量增多,工作台的移动速度增大;当节流阀关小时,工作台的移动速度减小。液压泵 4 输出的压力油除了进入节流阀 13 外,其余的通过溢流阀 7 流回油箱。如果将手动换向阀 10 转换成如图 13.2(c)所示的状态,液压泵输出的油液经手动换向阀 10 流回油箱,这时工作台停止运动,液压系统处于卸荷状态。

2. 液压传动系统组成

由上例可知,液压传动是以液体作为工作介质进行工作的。一个完整的液压传动系统由以下部分组成。

①液压泵(动力元件)是将原动机所输出的机械能转换成液体压力能的元件,其作用是向液压系统提供压力油,液压泵是液压系统的心脏。

②执行元件是把液体压力能转换成机械能,以驱动工作机构的元件,如液压缸和液压马达。

③控制元件是对系统中油液压力、流量、方向进行控制和调节的元件,如压力、方向、流量控制阀。

④辅助元件是上述三个组成部分以外的其他元件,如管道、管接头、油箱、滤油器等。

图 13-2(a)所示的液压系统是一种半结构式的工作原理图。它直观性强,容易理解,但难于绘制。在实际工作中,一般都采用国标 GB/T 786.1—93 所规定的液压气动图形符号绘制,如图 13-2(d)所示。图形符号表示元件的功能,而不表示元件的具体结构和参数;反映各元件在油路连接上的相互关系,不反映其空间安装位置;只反映静止位置或初始位置的工作状态,不反映其过渡过程。

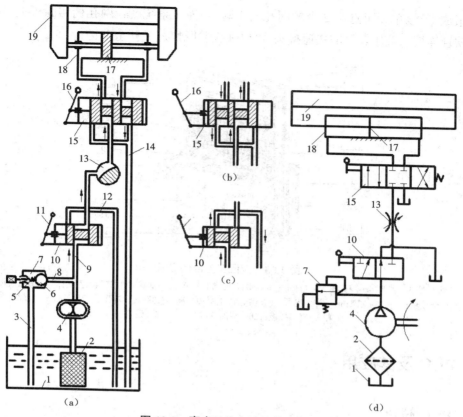

图 13-2　磨床工作台液压传动系统

（a）工作原理图；（b）换向阀 15 转换状态；（c）手动换向阀 9 转换状态；（d）用图形符号表示
1—油箱；2—过滤器；3、12、14—回油管；4—液压泵；5—弹簧；6—钢球；7—溢流阀；8、9—压力油管；
10—手动换向阀；11、16—换向手柄；13—节流阀；15—换向阀；17—活塞；18—液压缸；19—工作台

3. 液压传动的特点

　　液压传动与机械传动、电气传动相比有以下主要优点：在同等功率情况下，液压执行元件体积小、重量轻、结构紧凑；液压传动元件，可根据需要方便、灵活布置；液压装置工作比较平稳，由于重量轻、惯性小、反应快，液压装置易于实现快速启动、制动和频繁的换向；操纵控制方便，可实现大范围的无级调速，它还可以在运行的过程中进行调速；一般采用矿物油为工作介质，可自行润滑，使用寿命长；容易实现直线和回转运动；既易实现机器的自动化，又易于实现过载保护，当采用电液联合控制甚至计算机控制后，可实现大负载、高精度、远程自动控制；液压元件实现了标准化、系列化、通用化，便于设计、制造和使用。

　　液压传动系统的主要缺点：液压传动不能保证严格的传动比；液压元件精度高，因此它的造价高；工作性能易受温度变化的影响；由于流体流动的阻力损失和泄漏较大，所以效率较低；如果处理不当，泄漏不仅污染场地，还可能引起事故。

4. 液压实验台介绍

　　液压实验台是进行液压传动与控制技术实验/实训的设备，其包括可移动基础框架、液压动力站、电气开关设备、集成工具箱、玻璃量筒和液压连接块等。液压实训台如图 13-3 所示，

在结构组成上,该单元可选配2个的网孔栅实验板,液压系统就在网孔栅实验板上组装,并使用液压软管连接。液压软管的快速接头,可以使实验既快速又安全地进行。

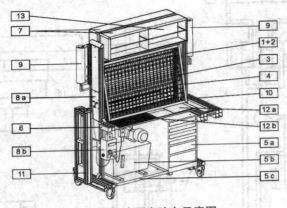

图 13-3　液压实验台示意图

1+2—基础框架;3—支架;4—网孔栅实验板;5a—基础组件/集成工具箱;5b—基础组件/液压动力站;5c—基础组件/油盘;
6—液压连接块;7—电器支架;8a—供电/电源;8b—供电/配电盒;9—玻璃量筒;10—液压软管挂架;11—负载模拟器;
12a—书写托板;12b—滤油盘;13—电气部件设备

13.2　PLC 及其应用

13.2.1　PLC 简介

1.PLC 的产生及现状

PLC 是在继电器控制技术、计算机技术和现代通信技术的基础上逐步发展起来的一项先进的控制技术。在现代工业发展中,PLC 技术、CAD/CAM 技术和机器人技术并称为现代工业自动化的三大支柱。它主要以微处理器为核心,用编写的程序进行逻辑控制、定时、计数和算术运算等,并通过数字量和模拟量的输入/输出(I/O)来控制各种生产过程。

在 PLC 诞生之前,继电器控制系统已广泛应用于工业生产的各个领域。继电器控制系统通常是针对某一固定的动作顺序或生产工艺而设计,但这种系统同时也存在一些缺陷。首先,它的功能仅局限于逻辑控制、定时、计数等一些简单的控制,一旦动作顺序或生产工艺发生变化,就必须重新进行设计、布线、装配和调试,造成时间和资金的严重浪费。再者,此类系统要通过各种硬件接线的逻辑控制来实现运行,导致机械触点较多,系统运行的可靠性较差,而且继电器控制系统还存在体积大、耗电多、寿命短、运行速度慢、适应性差等问题。20 世纪 50年代汽车生产流水线基本上都采用传统的继电器—接触器控制,当汽车设计改变时,就必须重新设计和配置整个系统。汽车生产流水线的更换越来越频繁,原有的继电器—接触器控制系统就需要经常重新设计安装,这不但造成了极大的浪费,而且新系统的接线也非常费时,从而延长了汽车的设计生产周期。在这种情况下,采用传统的继电器—接触器控制就显出许多不足。

可编程序控制器(Programmable Logic Controller，PLC)用计算机作为核心设备,其控制功能是通过存储在计算机中的程序来实现的,这就是人们常说的存储程序控制。由于当时主要用于顺序控制,只能进行逻辑运算。

PLC 作为生产制造系统、重大基础设施和军用装备的通用基础核心控制设备,在电力、石化、制造、市政等领域及航天发射场、舰船、装甲车辆等军用装备中广泛应用,是控制系统信息域与物理域的重要交叉节点。

2. PLC 的定义

可编程控制器是一种数字运算操作的电子系统,专为在工业环境下应用而设计。 它采用了可编程序的存储器,用来在其内部存储程序、执行逻辑运算、顺序控制、定时、计数与算术操作等操作的指令,并通过数字式和模拟式的输入和输出,控制各种类型的机械或生产过程。可编程控制器及其有关的外围设备,都应按易于与工业控制系统联成一个整体、易于扩充其功能的原则设计。

3. PLC 的特点及应用范围

PLC 具有可靠性高,抗干扰能力强;易于安装、调试;维修工作量小,维修方便等显著特点。目前，PLC 已在国内外广泛应用于冶金、石油、化工、建材、机械制造、电力、汽车、工轻、环保及文化娱乐等各行各业,随着 PLC 性能价格比的不断提高,其应用领域不断扩大 。从应用类型看，PLC 的应用大致可归纳为:①开关量逻辑控制;②运动控制;③过程控制;④数据处理等方面。

13.2.2　模块化生产仿真系统

1. 系统简介

模块化生产仿真系统是使用 PLC 并通过编程模拟模仿真实生产流程的控制系统。该模块可以根据生产实际或管理控制编写相应程序,模拟仿真单机的简单功能及加工顺序,还可通过网络逐步扩展到复杂的集成控制系统。它具有综合性、模块化及易扩充等特点。

现有系统实现的功能为:供料、上料检测、水平与垂直搬运、机加工、加工检测、装配和立体仓库存储。该系统的各站是安装在带槽的铝平板上,各站可轻易地连接在一起,组成一条模拟自动加工生产线。

2. 系统组成

模块化生产仿真系统为 7 站点型,是由独立的各站相互连接而成,分为上料检测单元、操作手单元、加工单元、搬运单元、安装单元、安装搬运单元和立体存储及分类单元,如图 13-4 所示。

3. 系统工作流程

（1）工艺流程

图 13-5 给出了系统中工件从一站到另一站的物流传递过程。上料检测单元首先将工件逐一输出料仓,然后对工件的颜色或材质进行检测,并将工件信息通过网络上传到控制计算机。操作手单元将工件从上料检测单元搬至加工单元,多工位工作台转动,模拟完成工件装夹、数控加工、尺寸检测和加工完成四个工位。搬运单元将加工好的工件搬运至传送带上,由

传送带运送至装配工位。安装搬运单元机械手将工件放置到安装工位。安装单元根据总控制计算机发来的信息,将对应的配件装入工件中。而后,安装搬运单元再将安装好的工件送至立体存储单元,立体存储单元根据总控制计算机发来的信息将工件送入相应的货位中,并把结果上传回总控制计算机。

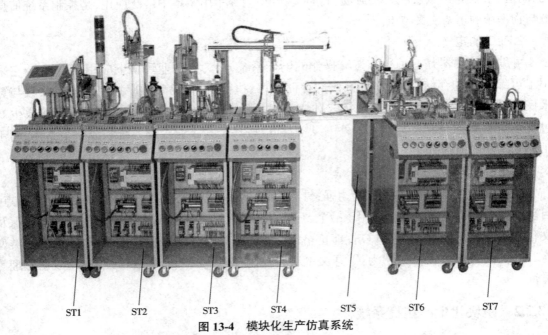

图 13-4　模块化生产仿真系统

ST1—上料检测单元;ST2—操作手单元;ST3—加工单元;ST4—搬运单元;
ST5—安装单元;ST6—安装搬运单元;ST7—立体存储分类单元

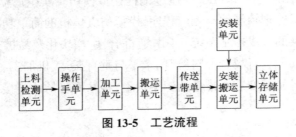

图 13-5　工艺流程

（2）信息流程

图 13-6 为本系统 PLC I/O 控制的控制框图。在各站与 PLC 之间是由一个标准电缆进行连接的,通过这个电缆可连接 8 个传感器信号和 8 个输出控制信号。通过该电缆各站的传感器和输出控制器可得到 24 V 电压。各站之间通过 Profibus DP 总线交换数据。

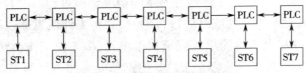

图 13-6　PLC I/O 控制的控制框图

164

13.2.3　PLC 编程

1. 编程环境简介

STEP7 Microwin V4.0 编程软件是专为西门子公司 S7-200 系列小型机设计的编程工具软件,使用该软件可根据控制系统的要求编制控制程序并完成与 PLC 的实时通信,进行程序的下载与上传及在线监控。

STEP 7-Micro/WIN 的窗口组件如图 13-7 所示。

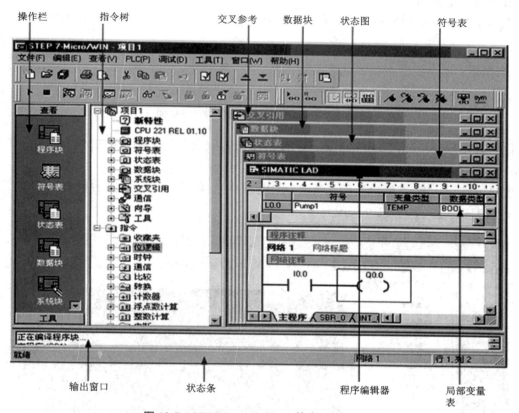

图 13-7　STEP 7 Micro/WIN 的窗口组件界面

①操作栏中显示的按钮群组如下。

a."查看":该类别包含程序块、符号表、状态图、数据块、系统块、交叉引用及通信等功能,每种功能均显示为一个按钮。

b."工具":该类别包含显示指令向导、文本显示向导、位置控制向导、EM 253 控制面板和调制解调器扩展向导等功能,每种功能均显示为一个按钮。

②指令树:提供所有项目对象和为当前程序编辑器(LAD、FBD 或 STL)提供的所有指令的树形视图。

③交叉参考:允许用户检视程序的交叉参考和组件使用信息。

④数据块:允许用户显示和编辑数据块内容。

⑤状态图:允许用户将程序输入、输出或变量置入图表中,以便追踪其状态。

⑥符号表 / 全局变量表:允许用户分配和编辑全局符号,也可以建立多个符号表。

⑦输出窗口:在用户编译程序时提供信息。 当输出窗口列出程序错误时,可双击错误信息,会在程序编辑器窗口中显示适当的网络。

⑧状态条:提供用户在 STEP 7-Micro/WIN 中操作时的操作状态信息。

⑨程序编辑器窗口:包含用于该项目的编辑器(LAD、FED 或 STL)的局部变量表和程序视图。

⑩局部变量表:包含用户对局部变量所作的赋值。

2. 编程方法基础

在 STEP7 Micro WIN V4.0 下,以三相异步电动机启停程序为例,其梯形图见图 13-8。

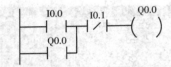

图 13-8　三相异步电动机启停程序梯形图

①打开新项目:双击 STEP 7-Micro/WIN 图标,或从"开始"菜单选择 SIMATIC STEP7 Micro/WIN,启动应用程序。会打开一个新的 STEP 7-Micro/WIN 项目。

②进入编程状态:在编辑界面左侧的"操作栏"中选择"查看"类别,然后单击其中的"程序块",进入编程状态,如图 13-9 所示。

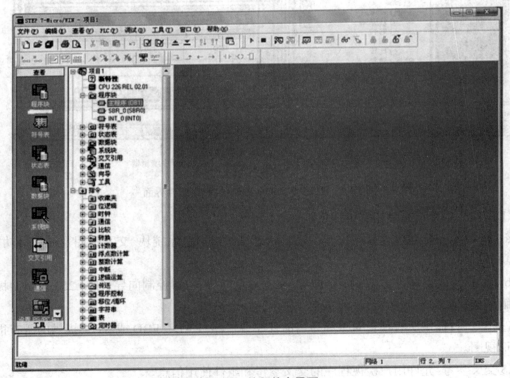

图 13-9　编程状态界面

③选择编程语言:打开菜单栏中的"查看",选择"梯形图"语言,如图 13-10 所示。

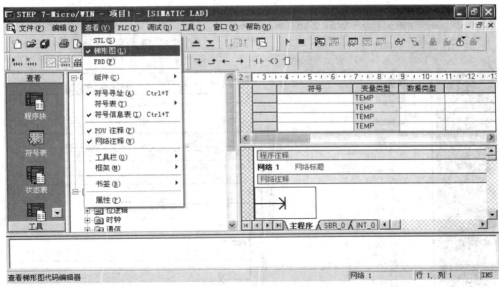

图 13-10　编程语言选择界面

④选择"主程序",单击网络 1 中的→,使其处于选中状态,如图 13-11 所示。

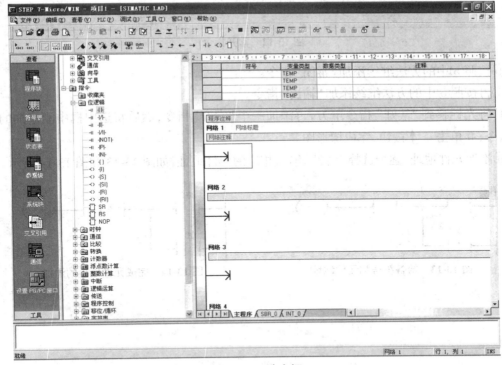

图 13-11　选中框

⑤从菜单栏或指令树中选择相关符号,如在"指令树"中选择,可在"指令"中展开"位逻辑"子类,然后双击其中的"常开"指令,如图 13-12 所示。

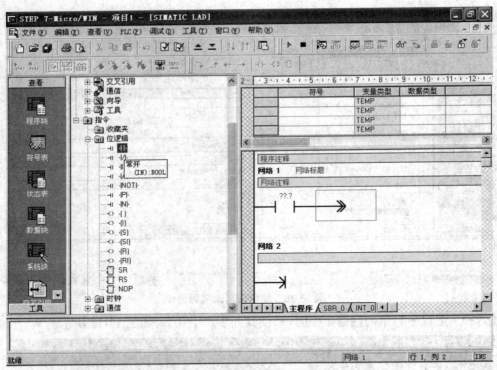

图 13-12　常开指令

⑥按照⑤中的方法继续添加"常闭"指令。

⑦再按照⑤中的方法继续添加"输出"指令。

⑧将光标移到"常开"指令下方,再添加一个"常开"指令,然后将选中框中刚添加的"常开"指令,并单击____↑按钮,完成梯形图。

⑨添加元件地址:逐个选择"???",输入相应的元件地址,如图 13-13 和图 13-14 所示。

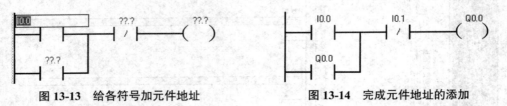

图 13-13　给各符号加元件地址　　　　　图 13-14　完成元件地址的添加

168

第 14 章　创新设计

14.1　创新方法概述

"创新"这一概念,最初由奥地利经济学家熊彼特在其 1912 年出版的《经济发展概论》一书中提出,他将创新定义为一种生产体系中新的生产要素和生产条件的"新结合"。目前对于创新的含义有狭义和广义之分,狭义的创新即指熊彼特的创新概念;广义的创新是指以现有的知识和物质,在特定的环境中,改进已有事物或创造新事物(包括但不限于各种方法、元素、路径、环境等),并能获得一定有益效果的行为。先进创新方法论是研究创新过程中有没有逻辑顺序、规则、方法以及有什么样的顺序、规则与方法为宗旨的哲学研究。

创新是一个国家的灵魂,先进的创新方法是提升国家整体创新能力和创新水平的关键。人类的创新能力并非是天生的,而是通过后天培养和挖掘出来的。创新活动的主体是人,创新的实质是思维的创新。人类在面临问题时,难免会依照惯性进行思考,而创新就需要人们打破惯性思维模式,依靠创新方法的引导,跳出思维定势,从不同的维度进行探索。一直以来,各国的理论研究人员对于创新方法学进行了深入的研究,提出了多种创新设计理论与方法,如头脑风暴法、逆向思维法、质量功能展开理论等,其中最著名的是 TRIZ 创新方法。

14.1.1　TRIZ 的基本概念

TRIZ(Theory of the solution of inventive problems)译为"发明问题解决理论",是由前苏联发明家阿奇舒勒和他的同事们在分析了 250 万件高水平专利的基础上建立的创新理论体系。通过大量的专利研究,阿奇舒勒发现,技术系统的进化并不是随机的,而是有客观规律可循的,即在解决发明问题的实践中,人们遇到的问题和解决方案总是重复出现,而且解决本领域技术问题的最有效的原理与方法,往往来自于其他领域。所以 TRIZ 理论是研究解决技术难题过程中所遵循的科学原理和法则。

TRIZ 是建立在普遍性原理之上的,其应用领域非常广泛,不仅限于自然科学和工程技术领域,现在也越来越多地应用于社会科学、管理科学等领域。TRIZ 的理论体系庞大,包括了诸多内容,而且还在不断发展完善中。从目前来看, TRIZ 的主要内容有两大部分:一是 TRIZ 的基本理论体系;二是 TRIZ 理论的解题工具体系,如图 14-1 所示。

14.1.2　TRIZ 解决问题的基本方法

应用 TRIZ 解决发明技术问题时,首先需要对一个实际问题进行深层分析并明确问题的核心;然后将实际问题转化为 TRIZ 标准的问题模型,即使用 TRIZ 理论中的各种方法对问题进行归纳,运用 TRIZ 的语言对问题进行描述和定义;最后针对不同的问题模型,应用 TRIZ 理论中问题求解工具,找到该问题模型使用的标准解。最后将这些类似的解决方案应用到实际的问题中,推理演绎得到问题的最终解决方法。其解题流程如图 14-2 所示。

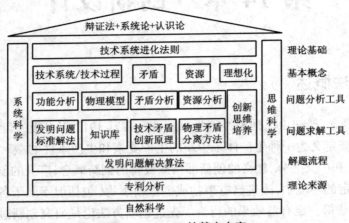

图 14-1　TRIZ 的基本内容

图 14-2　TRIZ 解题流程

在 TRIZ 理论中,发明问题模型是指某种仅包含"使用特定 TRIZ 问题解决工具来进一步解决问题必不可少的组件"的模型。例如,通过使用某一工艺或创造一个全新的技术系统来执行某一新的主要功能;改进现有技术系统功能;当所有已知的解决方法无法达到想要的目的时,为防止技术系统或其产品受到内部或外部有害因素的影响等,这些皆属于发明问题模型。TRIZ 中的发明问题模型可分为 4 种形式,即技术矛盾、物理矛盾、物场模型、HOW TO 模型,与此对应的解决问题的工具有矛盾矩阵、分离原理、标准解、知识库与效应库,如表 14-1 所示。

表 14-1　发明问题模型

发明问题模型	工具	解决方案模型
技术矛盾	矛盾矩阵	40 个发明原理
物理矛盾	分离原理	40 个发明原理
问题的物-场模型	76 个标准解	标准解的物-场模型
HOW TO 模型	科学效应库	具体的科学效应

1. 技术矛盾与矛盾矩阵

矛盾普遍存在于各种产品或技术系统中。技术系统进化过程就是不断解决系统所存在矛盾的过程。所谓技术矛盾是指用已知的原理和方法改善技术系统的某一部分(或某一参数)

时,导致其他部分(或其他参数)恶化而产生的矛盾。所以技术矛盾是系统两个或多个参数之间的冲突。在定义技术矛盾时,首先需要在技术系统中找到问题的入手点,然后分析目前的解决方法改善了什么参数,此方法导致了什么参数的恶化。例如,为了提升飞机起飞时的升力,现有方法是增加机翼面积,但是此方法会导致飞机的总重增加。那么该系统的技术矛盾为飞机的机翼面积和飞机的总质量之间的矛盾。

在 TRIZ 理论中,将导致技术矛盾的参数归纳为 39 个通用工程参数,用以描述技术系统的特性(或功能)。同时将解决技术矛盾常用的创新方法总结为 40 个发明原理。矛盾矩阵是由通用工程参数和发明原理构成的表格,将 39 个通用工程参数依序填入到表格的第一行与第一列,再在表格中列与行相交的单元格中填入发明原理。利用矛盾矩阵可以快速地找到类似问题的标准解决方法,将这些方法应用到实际问题中,就能较容易地找到一些可行方案。

2. 物理矛盾与分离原理

在某些状态下,寻找技术矛盾时会发现系统中存在对同一参数提出相互矛盾的需求,这类矛盾称为物理矛盾。物理矛盾是技术系统中一种常见的矛盾。技术矛盾源于物理矛盾,换而言之,每对技术矛盾的核下面都隐藏着一对物理矛盾。例如上面的例子中,飞机的机翼面积大,是为了增加飞机起飞时的升力;同时需要飞机的机翼面积小,是为了减小飞机的总质量。对于飞机机翼面积这一参数提出了"既大又小"相互矛盾的要求。

解决物理矛盾使用的工具为分离原理,即实现矛盾双方的分离。TRIZ 理论在总结解决物理矛盾方法的基础上,将分离原理归纳为 4 种基本类型,即空间分离、时间分离、条件分离和系统级别分离。所谓空间分离是将矛盾的双方在不同空间上分离开来,从而获得解决问题的途径。例如,在车流量较大的路段,行人过马路时机动车需停车让行,这就造成了通行效率较低,容易形成交通拥堵。人行天桥将行人与机动车从空间上分离开,互不影响,即可解决此类问题。时间分离原理是指将矛盾的双方在不同的时间段分离,从而获得解决问题的方法。使用时间分离时,首先需要判断矛盾双方的发生时间段是否有交叠,当技术系统中矛盾的一方发生时,另一方不出现,则可使用时间分离原理解决。例如,雨伞在下雨使用时需要其面积大,实现挡雨的目的,在其他时间需要收纳时,需要体积较小不占用过多空间。发生物理矛盾的参数为雨伞的面积,雨伞的使用和收纳属于两个不同的时间段,可以使用时间分离原理,将雨伞设计为可折叠结构,来解决这一矛盾。条件分离是指当矛盾的双方发生在同一时间空间维度时,可将双方在不同条件下分离开,从而获得解决方案。例如,跳水训练中,训练池里的水要软,以减轻水对运动员的冲击伤害,但又要求水必须硬,以支撑运动员的身体,水的软硬取决于跳水者入水的速度。系统级别分离是将矛盾双方在不同的系统层次进行分离,从而获得解决问题的方法。例如,自行车链条在宏观层面上是柔性的,在微观层面上是刚性的。

3. 物场分析

19 世纪 40 年代,美国通用电气公司的工程师迈尔斯首先提出功能(Function)的概念,并把它作为价值工程研究的核心问题。他将功能定义为"起作用的特性",顾客买的不是产品本身,而是产品的功能。功能是系统存在的目的,是对产品具体效用的抽象化描述,体现了顾客的某种需要,应当是产品开发时首先考虑的因素。任何产品的出现都是为了实现某些功能,阿奇舒勒把技术系统的功能定义为两个相关的物质与作用于它们中的场之间的相互作用。物场分析方法建立在对现有产品功能分析的基础上，通过建立现有产品功能模型的过程，可以发现有害作用、不足作用及过剩作用等小问题，产品或系统中小问题存在的区域是进行物场分析的区域。从物场的角度，描述和分析最小技术系统的构成及构成要素之间

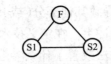

图 14-3　最基本的物场模型

的相互联系，查找实现期望功能的一般解法或标准解法。从而获得产品创新设计的解决方案。物场模型是将一个技术系统分成两个物质（S1、S2）与一个场（F），用一个三角形来表示每个系统所实现的功能，如图 14-3 所示。常见的物场模型有：有用并且充分的相互作用、有用但不充分的相互作用（不充分模型）、有用但过度的相互作用（有害模型）、有害的相互作用（有害模型）和不完整的物场模型（缺失模型）。

对于物场模型的求解通常采用 76 个标准解，其解题步骤为：首先确定相关元素，根据问题所存在的区域或表现，确定造成问题的相关元素，以缩小问题分析的范围。然后绘制物场模型，根据问题情形，表述相关元素间的作用，并确定作用的程度，模型提出的问题与实际问题应该一致。其次，按照物场模型所表现出的问题，在 76 个标准解中查找此类物场模型解法，如果有多个解法，则逐个对照，寻找最佳解法。将解法与实际问题相对照，并考虑各种限制条件下的实现方式，在设计中加以应用，从而形成产品的解决方案。

4.HOW TO 模型与知识库

HOW TO 模型是指通过构建系统的抽象功能模型，明确系统所处的生命周期阶段、组成部分及相互作用，用功能模型全面地描述和理解系统。HOW TO 模型的解法是查询知识库与科学原理效应库，寻找实现技术系统功能的方法和科学原理。知识库涵盖了不同学科领域的科学原理和方法，采用统一的功能性描述和查询方法可以快速得出针对不同问题的方案，帮助设计人员克服惯性思维，从不同研究领域对问题求解。

14.2　创新竞赛和创新设计案例

14.2.1　机械创新设计大赛介绍

全国大学生机械创新设计大赛经教育部高教司批准成立大赛组织委员会，是由教育部高教司发文举办的全国理工科重要课外竞赛活动之一。首届比赛于 2004 年在南昌大学举办，此后每两年举办一次。

全国大学生机械创新设计大赛主要目的在于引导高等学校在教学中注重培养大学生的创新设计能力、综合设计能力与团队协作精神；加强学生动手能力的培养和工程实践的训练，提高学生针对实际需求进行创新思维、机械设计和制作等的实际工作能力；吸引、鼓励广大学生踊跃参加课外科技活动，为优秀人才脱颖而出创造条件。

全国大学生机械创新设计大赛是一项公益性的大学生科技活动，也承担着一定的社会责任。旨在加强教育与产业之间的联系，推进科学技术转化为生产力，促使更多青年学生积极投身于我国机械设计与机械制造事业之中，在我国从制造大国走向制造强国的进程中发挥积极

作用。

全国大学生机械创新设计大赛分为学校选拔赛、各分赛区预赛和全国决赛三个阶段。学校选拔赛确定出参加预赛的作品名单,预赛确定出推荐参加决赛的作品名单。学校选拔赛的组织和评审工作由各参赛高等院校自行组织;预赛的分赛区按省、直辖市、自治区等行政区域划分,各分赛区组织委员会负责本分赛区预赛的组织和评审工作;全国决赛的组织和评审工作由全国大赛组织委员会和教育部高等学校机械基础课程教学指导分委员会共同负责。

14.2.2 大赛作品设计制作过程

1. 比赛选题

学生通过查阅文献、科技论文、科技报告等,学习与选题相关的设计方案方法,分析比较不同方案的优点和缺点,结合实际生活案例进行重新构思和创新设计,由小组同学每个人想出一到两个设计方案,集中讨论方案可行性、创意程度、技术难点、项目成本等问题,反复讨论研究,最终确定比赛题目和方案。

2. 任务的布置

任务的布置既要考虑学生现有的知识基础,又要总结出需要课外超前学习的知识和技能,以备比赛之用。为加深学生的对机械创新设计的认识,选择一个往届比赛作品作为典型案例演示其实施过程和成果。案例的引导使学生掌握了完成任务的思路,解决学生的畏难情绪,提高了知识的学习和应用能力,增强完成任务的信心。根据学生现有学习基础,布置学生要自学的学习任务,以备比赛之需。同组成员合理分工,定期研讨。

3. 任务的实施步骤

①学生要结合自己的兴趣和基础选择一个课题。针对所选课题,学生要认真准备素材,查阅相关文献,如有关专利技术、新产品介绍、科研成果和科技论文等。重点研究现有技术或产品存在的优缺点,通过分析查找问题,形成相关产品或技术的研究现状分析报告。

②针对发现的问题,学生应用课堂学习的创新原理和创新技法,并借鉴现有创新案例,理论与实际相结合,提出完成任务可能的解决方案,通过对方案的技术性、经济性和社会性评价,保留两个较好的方案。

③教师按学生课题的类型和内容,分别组织学生介绍完成任务遇到的问题,并开展讨论和分析,给出课题的完善方案。

④同组学生合作对设计方案进行运动和动力学分析、参数优化、结构设计和电路调试,并形成技术文档、制作演讲 PPT 和演示视频。

⑤教师组织任务的汇报、讨论会,每组汇报完成的任务,教师综合分析后给出修改意见。

14.2.3 创新设计作品案例

第六届全国大学生机械创新设计大赛的赛项主题为"教室用设备和教具的制作",本书作者团队运用 TRIZ 创新设计理论进行了作品设计,获得了优异的成绩。如下面简要介绍设计过程。

选取教室中的板书书写系统作为研究对象,利用物场分析的方法,确定该系统中功能载体为笔,功能受体为黑板,缺失两者相互作用的场。对于缺失物场,采用标准解 1.1.1 中完善一个不完整的物质场模型,增加一个相互作用的物质场来完成两者之间的功能。在本案例中,书写笔与黑板之间通过摩擦力使书写笔在黑板上留下痕迹,摩擦力属于机械场,如图 14-4 所示。

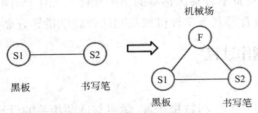

图 14-4 物场分析模型

现有的系统为教师手动书写板书系统,其书写速度较慢,自动化程度较低。分析该技术系统组件为书写笔、黑板、人,根据技术系统动态性进化法则,技术系统会向提高柔性、可移动性和可控性的方向发展,即"刚性体——单铰链——多铰链——柔性体","直接控制——间接控制——引入反馈控制"的发展路线。这种进化在提升板书书写的自动化程度的同时也增加了系统的复杂程度,所以该系统的技术矛盾为操作系统流程性和系统复杂性之间的矛盾。通过查询矛盾矩阵表,找出可以利用的发明原理为 15"动态性原理"。结合几种创新设计方法,依照大赛主题,设计了一套"板书书写机构",三维结构图如 14-5 所示,实物图如 14-6 所示。

图 14-5 连杆教具三维图

图 14-6 实物图

该机构由机械传动部分、计算机控制部分、电气传动与控制部分组成。其机械传动部分是由曲柄摇杆机构和曲柄滑块机构并联组合而成,二者均以电机驱动的曲柄为主动件,书写笔固定于两机构交接点处。书写笔的运行区域称为可行域,可行域的范围受机构中构件长度的影响。当已知各构件的长度后,可行域可以用作图法求得,利用 CAD 软件可以方便地绘制出粉笔的运动区域,如图 14-7 所示。采用 Visual C++编写相应的控制程序,通过计算机协调控制电机运动,在可行域范围内绘制任意轨迹图形,如图 14-8 所示。

该机构可作为讲解曲柄摇杆和曲柄滑块机构原理的演示用教具。当曲柄摇杆机构端有动力输入,曲柄滑块机构端无动力输入时,可以演示曲柄摇杆机构的运动特性,包括急回运动特性和极位夹角的位置;可以直观展示曲柄摇杆机构的传力特性,包括传动角和压力角;可用于曲柄摇杆机构的基本原理讲解;结合影像动画可以分析构件尺寸变化导致运动学、动力学特性改变的规律。同理,当曲柄滑块机构端有动力输入,曲柄滑块机构端无动力输入时,可以演示曲柄滑块机构的运动特性,包括急回运动特性和极位夹角的位置;可以直观展示曲柄滑块机构的传力特性,包括传动角和压力角。当曲柄摇杆机构端和曲柄滑块机构端同时有动力输入时,通过计算机的运算控制,可将并联机构中曲柄滑块的直线轨迹和曲柄摇杆的圆弧轨迹复合成任意运动轨迹。

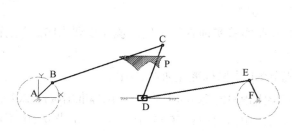

图 14-7　可行域分析图

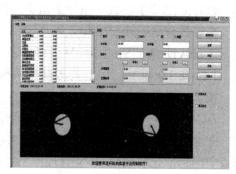

图 14-8　可行域控制程序

　　该装置将曲柄摇杆与曲柄滑块的机构并联,可实现任意轨迹的运动输出,展示了基本机构经复合产生的"神奇功效",可深化、扩展教学内涵,启发学生的创新思维。该项作品在第六届全国大学生机械创新设计大赛中荣获全国一等奖。

参考文献

[1] 教育部高等学校教学指导委员会. 普通高等学校本科专业类教学质量国家标准[S]. 北京：高等教育出版社,2018.

[2] 工程认证标准[S]. 中国工程教育认证协会,2017.

[3] T/CMES 00001—2017. 高等院校机械类专业实验实训教学基地环境建设要求[S]. 中国机械工程学会,2017.

[4] T/CAS 326—2018. 工程能力评价通用规范[S]. 中国标准化协会,2018.

[5] 中国标准化研究院. 质量管理体系 要求：GB/T 19001—2016[S]. 北京：中国标准出版社,2016.

[6] 中国标准化研究院. 环境管理体系 要求及使用指南：GB/T 24001—2016[S]. 北京：中国标准出版社,2016.

[7] 中国标准化研究院. 职业健康安全管理体系 要求及使用指南：GB/T 45001—2020[S]. 北京：中国标准出版社,2020.

[8] 杨申仲,郑清春.《高等院校机械类专业实验实训教学基地环境建设要求》工作指南[M]. 北京：机械工业出版社,2020.

[9] 林再学,樊铁船. 现代铸造方法[M]. 北京：航空工业出版社,1991.

[10] 柳毅. 金工实习[M]. 北京：机械工业出版社,2002.

[11] 张振纯. 锻压生产概论[M]. 北京：机械工业出版社,1992.

[12] 孔德音. 金工实习[M]. 北京：机械工业出版社,1998.

[13] 车建明. 机械工程训练基础——金工实习教材[M]. 天津：天津大学出版社,2008.

[14] 黄明宇,徐钟林. 金工实习[M]. 北京：机械工业出版社,2004.

[15] 董丽华. 金工实习实训教程[M]. 北京：电子工业出版社,2006.

[16] 刘晋春,白基成,郭水丰. 特种加工[M]. 北京：机械工业出版社,2008.

[17] 孟建,罗飞. 数控车削编程与加工[M]. 杭州：浙江大学出版社,2012.

[18] 王金成,方沂. 数控机床及编程[M]. 北京：国防工业出版社,2017.

[19] 何平. 数控加工中心操作与编程实训教程[M]. 北京：国防工业出版社,2010.

[20] 陈晓罗. 数控铣削技术[M]. 北京：北京大学出版社,2012.

[21] 徐桂云,樊晓虹,王洪欣. 机电创新设计[M]. 徐州：中国矿业大学出版社,2009.

[22] 赵敏,史晓凌,段海波. TRIZ 入门及实践[M]. 北京：科学出版社,2016.

[23] 王亮申,孙峰华. TRIZ 创新理论与应用原理[M]. 北京：科学出版社,2018.

[24] 曹国强. 工程训练教程[M]. 北京：北京理工大学出版社,2019.

[25] 西门子自动化与驱动集团. 深入浅出西门子 S7-200PLC[M]. 北京：北京航空航天大学出版社,2003.